# Ikebana
# Die Sogetsu-Schule und ihre Gestaltungsmöglichkeiten

# Einleitung

Ikebana kann in seinem Ursprungsland Japan auf eine jahrhundertealte Tradition zurückblicken; nach Deutschland kam es erst in den zwanziger Jahren unseres Jahrhunderts. Das Wort in seiner Bedeutung setzt sich aus den Begriffen „ike" und „bana" zusammen: „Ike" ist von drei Verben abgeleitet und meint anordnen, am Leben erhalten, zur Geltung bringen; „hana" = Blume wird in der Wortzusammensetzung zu „bana", wobei in diesem Zusammenhang nicht nur Blumen in unserem Sinne, sondern alle Pflanzen gemeint sind.

Was fasziniert uns an der japanischen Blumenkunst? – Es ist das Tun! Ikebana von seinem inneren Wirken her kann man eigentlich nicht erklären – man muß es erfahren – *man muß es tun!*

Wie unterscheidet sich nun ein Ikebana-Arrangement von Blumengestecken, wie sie bei uns zu kaufen sind? Zuerst fällt auf, wie sparsam Blumen verwendet werden. Die Schönheit der Blüten kann nicht durch Fülle zur Geltung kommen; wenige Blumen, manchmal nur eine, werden so arrangiert, daß ihre Eigenheiten, ihr besonderer Reiz hervorgehoben sind. Und – Blumen sind in einem Ikebana nicht das einzige Material, vielmehr Kontrapunkt zu Linien und Formen, die aus Zweigen, Gräsern, Blättern, Wurzeln, Baumschwämmen, Steinen bestehen können.

Die Linie ist der wesentlichste Faktor im Aufbau eines Ikebana; sie ist ein Ausdrucksmittel, das dem Gestalter die Möglichkeit gibt, seine Vorstellungen, Ideen, Gedanken im Arrangement darzustellen. So deuten zum Beispiel gerade, aufrechte Linien Männlichkeit, Bestimmtheit, Aufrichtigkeit an; geschwungene Linien gelten als Sinnbild für Weiblichkeit und Anmut.

Ein Gegengewicht zur Linie ist die Masse, die im Arrangement einen Schwerpunkt bildet. Dichter Wacholder, ein großes Blatt, ein wuchtiges Wurzelstück sind Beispiele für das Element Masse, von der Kraft und Solidität ausgeht.

Eine weitere wichtige Komponente ist die Farbe. Ton-in-Ton-Gestaltungen wirken ruhig, zurückhaltend. Sehr harmonisch können sanfte Farbabstufungen sein. Bei der Verwendung von Komplementärfarben wird eine besondere Leuchtkraft erzielt. Die Wahl der in einer Komposition zusammengestellten Farben übt also einen weiteren wesentlichen Einfluß auf die Aussage des Arrangements aus.

Um ein Gefühl für Ausgewogenheit im Ikebana zu bekommen, sollte man sich zunächst mit den traditionellen Formen auseinandersetzen, ehe man sich auf das weite Feld des freien Stils begibt. Die technisch einfachste Form bietet das Arrangieren in Schalen; sie heißt Moribana und bedeutet „aufgehäufte Blumen" oder „Blumenbusch". Die Zweige und Blumen finden auf einem Kenzan (Blumenigel) Halt.

Die Konzeption dieses Buches sieht ein Eingehen auf geistige und religiöse Hintergründe nicht vor; es ist gedacht als Begleitbuch für den Unterricht und zur Unterstützung der häuslichen Übungen. Es behandelt das Moribana der Sogetsu-Schule sowie darauf fußende kreative Formen.

Für die meisten Pflanzen kennen wir neben den botanischen Namen verschiedene volkstümliche Begriffe aus der deutschen Sprache. Dieses Buch legt sich nicht auf eine Version fest, sondern arbeitet mit der jeweils gebräuchlichsten Bezeichnung. — Die im wesentlichen heimischen Pflanzen, die in den Bildbeispielen Verwendung finden, helfen sicher beim Einstieg in die wunderbare Welt des Ikebana.

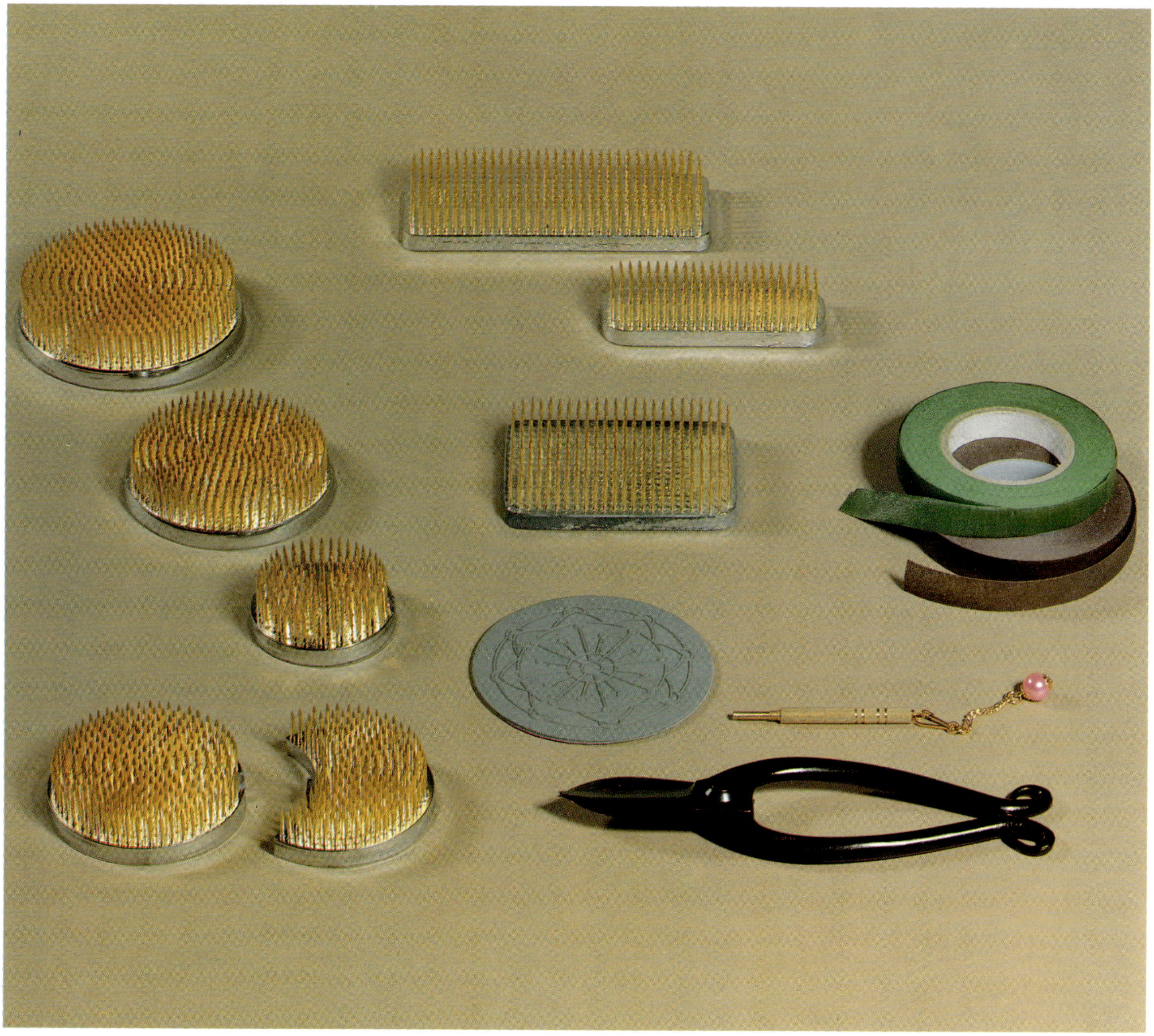

# Die wichtigsten Hilfsmittel

Kenzan gibt es in verschiedenen Größen und Formen. Bei der Anschaffung dieses wichtigen Hilfsmittels sollte man auf keinen Fall sparen. Für guten Stand ist ein beträchtliches Gewicht wünschenswert; dicht stehende Messingstifte gewährleisten, daß auch dünnstieliges Material gut hält. Am Anfang empfiehlt sich ein großer Sonne-Mond-Kenzan (zusammen mindestens 105 x 65 mm), der zweiteilig ist und verschiedene Verwendungsmöglichkeiten zuläßt.

Kenzan-Aufrichter, mit dem verbogene Messingstifte auf dem Kenzan wieder in ihre ursprüngliche Position gebracht werden.

Kenzan-Unterlage aus rutschfestem Gummi, für empfindliche und leicht unebene Gefäße.

Ikebana-Schere für Zweige, Gräser und Blumen. Sie verfügt über zwei scharfe Schneiden, so daß auch zarte Stiele nicht gequetscht werden. – Um Blätter in Form zu schneiden, gibt es eine spezielle Blattschere. Preiswerter und für diesen Zweck ausreichend ist eine normale Haushaltsschere, die weitere nützliche Dienste leistet (z. B. die Entfernung fester Blumenverpackungen).

Gartenschere und Taschensäge zum Sammeln und Bearbeiten sehr dicker Äste und Wurzelholz.

Blumenband, Blumendraht, Seitenschneider.

Ein kleines Handtuch zum Ablegen der Schere während des Arbeitens und zum Reinigen von Werkzeug und Arbeitsplatz.

Ein kleines Wassergefäß, um Blumen unter Wasser anschneiden zu können; diese Technik erhöht ihre Haltbarkeit, weil keine Luftbläschen in die Blumenstiele dringen können.

Gefäße: Dem Gefäß kommt eine große Bedeutung zu. Es gehört zum harmonischen Gesamtbild eines Ikebana, das sowohl von seinem Charakter als auch von Material und Farbe her mit dem floralen Material und nicht zuletzt mit dem vorgesehenen Standplatz eine Einheit bilden soll. Geeignet sind Keramiken, Gefäße aus Glas, Porzellan, Metall und Bambus sowie Körbe, in die man ein kleines Schälchen für Kenzan und Wasser hineinstellen kann. Anfangen sollte man jedoch mit einer schlichten, unifarbenen Schale, 4 bis 6 cm hoch. Sie kann rund (20 bis 30 cm Ø), oval, rechteckig oder quadratisch sein.

## Gestaltungsgrundlagen eines Ikebana

Die traditionellen Formen (oft auch Schulformen genannt, weil auf deren Basis die notwendigen Grundkenntnisse vermittelt werden) kennen – mit wenigen Ausnahmen – drei Hauptlinien (Shushi), die den Himmel (Shin), die längste Linie im Arrangement, den Menschen (Soe), die mittlere Linie, und die Erde (Hikae), die kürzeste Linie, symbolisieren. Zusätzlich eingefügte Hilfslinien, die das Arrangement komplettieren, nennt man Jushi; sie müssen stets kürzer sein als die jeweiligen Hauptlinien. Zur graphischen Darstellung werden folgende Symbole verwendet:

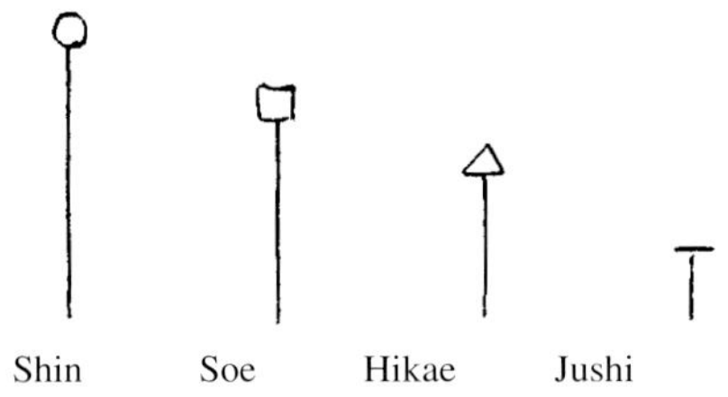


Um ein gutes proportionales Verhältnis zum Gefäß zu schaffen, richtet sich die Länge des Shin nach dessen Größe:
Ø des Gefäßes + Höhe x 1 = kleines Maß
Ø des Gefäßes + Höhe x 1 1/2 = Standardmaß
Ø des Gefäßes + Höhe x 2 = großes Maß
Für schlankes oder filigranes Material eignet sich das größte Maß, bei buschigem, dichtem Material wird eher ein kleineres Maß bevorzugt.
Quadratische Schalen werden über die Diagonale, rechteckige Schalen über die Längsseite gemessen.
Soe mißt 3/4 von Shin, Hikae mißt 3/4 (für kleines und Standardmaß) bis 1/2 (für Standard- und großes Maß) von Soe.

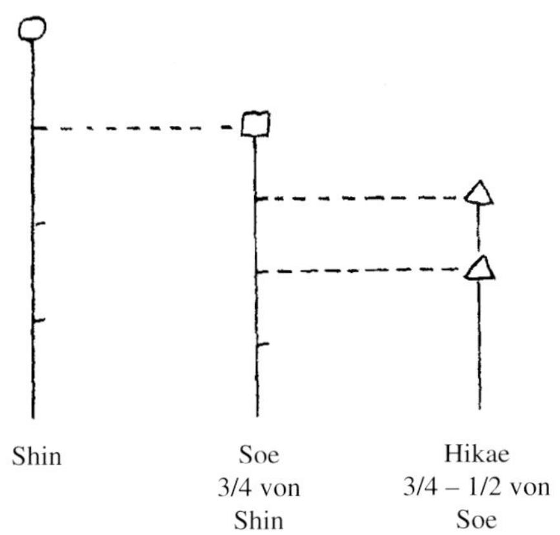


Um die Schulformen leicht verständlich vermitteln zu können, sind Schemazeichnungen entwickelt worden, die die Neigungswinkel und Richtungen der Zweige und Blumen deutlich machen, wobei senkrecht über dem Kenzan die gedachte Linie von 0° steht, horizontal, also parallel zur Gefäßkante, die gedachte Linie von 90°.

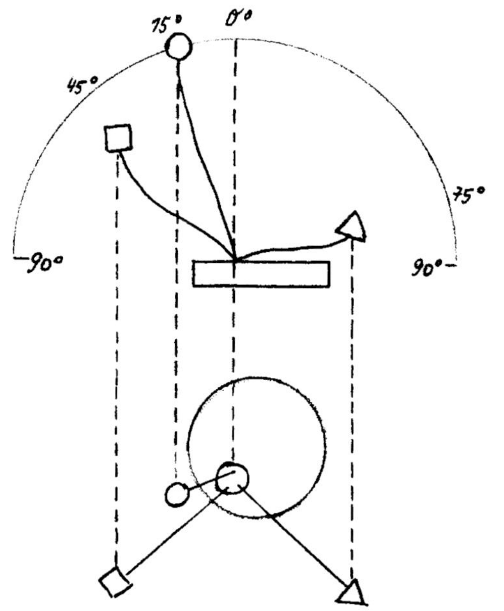


Die Schemazeichnungen zeigen den ‚Grundstil aufrecht', aus dem, wie wir später sehen werden, die meisten Variationen entwickelt sind. Die Vorderansicht gibt das Arrangement von vorn wieder, die Draufsicht von oben.
Vergleichen Sie nun die Schemazeichnung der Vorderansicht mit dem abgebildeten Arrangement (gearbeitet aus drei Getreidesorten – Hafer, Weizen, Gerste – und zwei Chrysanthemenarten), und suchen Sie die Linie Shin (○), die Linie Soe (□) und die Linie Hikae (△)! Shin und Soe stehen links von der gedachten Nullinie (0°), Hikae steht rechts davon – Shin mit einem geringen Neigungswinkel von 10 bis 15° fast aufrecht, Soe mit einem Neigungswinkel von 45° schräg nach links und vorn, Hikae mit einem starken Neigungswinkel von 75° schräg nach rechts und vorn.
Auf dem zweidimensionalen Foto nur schwer erkennbar ist der dreidimensionale Aufbau des Ikebana. Die Linien im Arrangement bewegen sich nicht – wie es scheinen mag – nur seitwärts, vielmehr so, daß Raumwirkung, also Tiefe entsteht. Eine Hilfe bietet die schematische Draufsicht. Schauen Sie das Arrangement noch mal an und vergleichen es mit der Draufsicht! Sie können sich nun vielleicht besser vorstellen, daß der Soe schräg nach vorn zur linken Schulter weist, der Hikae schräg nach vorn zur rechten Schulter geneigt ist.

Verbindet man die Endpunkte der drei Hauptlinien miteinander, entsteht ein ungleichseitiges Dreieck, das schräg auf dem Arrangement liegt. – Durch die asymmetrische Anordnung der Pflanzen, eine wesentliche Komponente des Ikebana, entsteht ein freier Raum, der „Raum für die Gedanken", in dem sich der Japaner wiederfinden will. Diese „Leere", für den Abendländer eher ungewohnt, ist ein äußerst wichtiger Bestandteil der japanischen Blumenkunst.

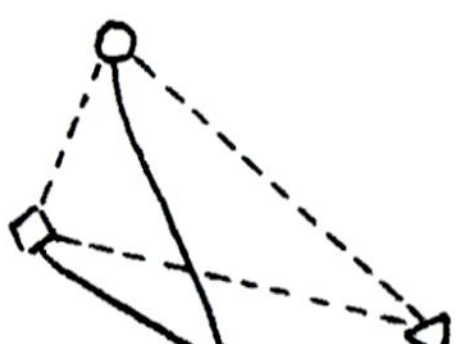

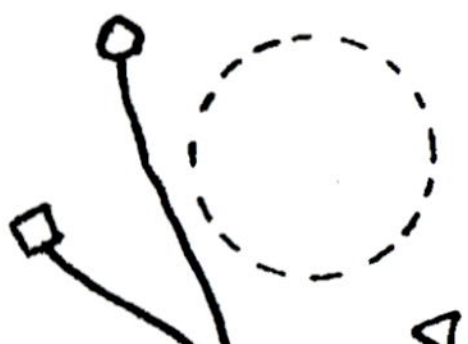

Die Asymmetrie beschränkt sich jedoch nicht nur auf die Art, wie Zweige und Blumen angeordnet werden. Wie aus den Schemata und dem ersten Bildbeispiel erkennbar, ist die Position des Kenzan in der Schale aus ihrer Mitte gerückt, in unserem Beispiel nach vorn und links. Folgende Skizze zeigt verschiedene Positionsmöglichkeiten – die mehrheitlich benutzten Positionen sind numeriert von 1 bis 4, außerdem stehen die Positionen 5 bis 8 zur Verfügung.

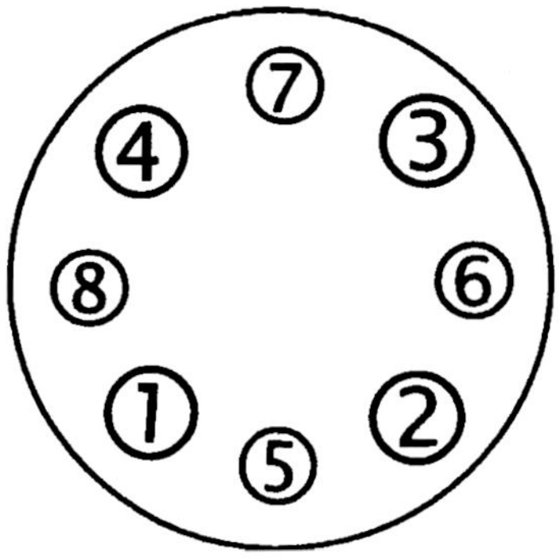


Von dieser Regel geht man nur ab bei Verwendung von Gefäßen, die in der Mitte eine Vertiefung aufweisen oder auf einem schmalen Fuß stehen, wie das nächste Bildbeispiel (○, □ = Kirsche; △ = Iris; Azalee), ebenfalls im ‚Grundstil aufrecht' arrangiert, zeigt. Die besondere Wirkung dieser Anordnung beruht darauf, daß alle Linien aus dem Fuß des Gefäßes zu wachsen scheinen; der sehr schlanke Charakter der verwendeten Materialien findet im Gefäß seine Entsprechung.

## Wie finden Pflanzen auf dem Kenzan Halt?

1. Zweige: Die holzigen Stiele von Zweigen werden schräg angeschnitten. Der Schnitt muß gegen die Neigungsrichtung angesetzt werden, d. h., die Schnittfläche zeigt, nachdem der Zweig auf dem Kenzan in seine richtige Position gebracht ist, schräg nach oben.

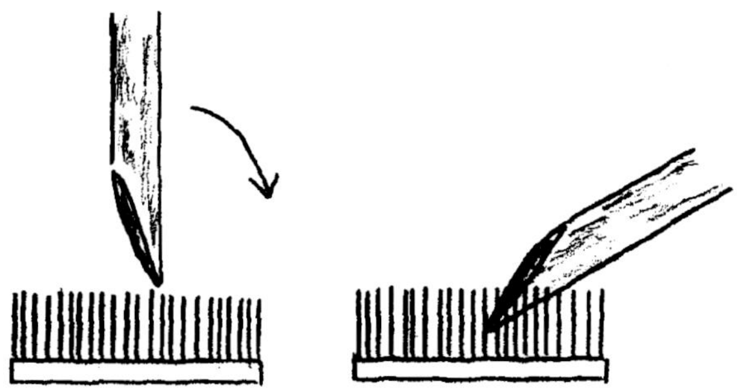

Sehr starke Zweige können zusätzlich quer zur Schräge gespalten werden, wenn sie anders nicht auf dem Kenzan halten.

2. Blumen und andere Pflanzenmaterialien mit weichen Stielen erhalten für das Arrangieren auf dem Kenzan stets einen geraden Schnitt. – Hohle Stengel (z. B. der Amaryllis) kann man stabilisieren durch abgeschnittene Stielstücke, die in den unteren Teil des Stengels geschoben werden. Damit der Stengel nicht ausplatzt, wird er mit Blumenband umwickelt.

3. Für Gräser und andere sehr dünnstielige Materialien gibt es verschiedene Möglichkeiten der Verstärkung:

a) durch ein zweites Stielstück, das mit Blumenband oder feinem Blumendraht befestigt wird;
b) durch Umwickeln mit Blumenband oder weichem Papier;
c) durch ein anderes (z. B. hohles, fleischiges oder mit Mark gefülltes) Stielstückchen, das wie eine Hülse über das dünne Stielende gesteckt wird.

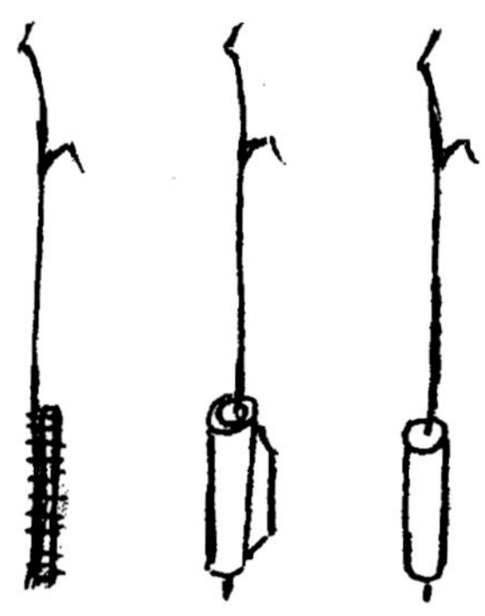

Bei all diesen Techniken ist darauf zu achten, daß die Schnittfläche des Pflanzenstieles frei bleibt, um die Wasseraufnahme weiter zu gewährleisten.

## Das erste Ikebana: Grundstil aufrecht

Für die Anfangslektionen empfiehlt die Schule zwei Materialien, zum Beispiel Zweige für Shin und Soe und Blumen für Hikae (für Shin und Soe stets dasselbe Material). Natürlich können auch andere Zusammenstellungen gewählt werden. – Leider verfügen viele Blumen, wie wir sie in den Geschäften bekommen können, über keine oder zu wenige Blätter, so daß oft ein drittes Material zur Ausarbeitung der Basis erforderlich wird.

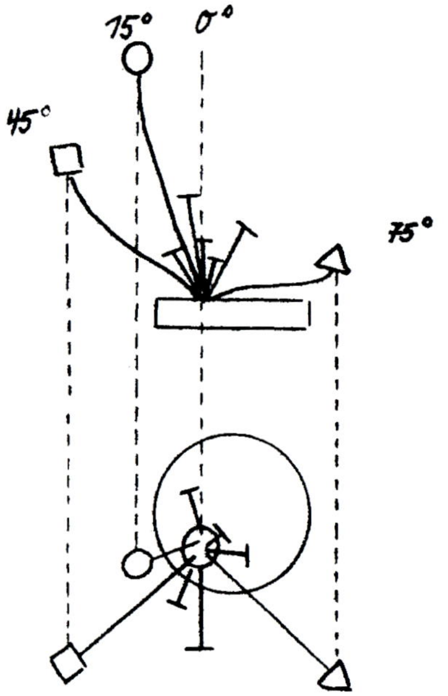


Setzen Sie sich gerade an einen Tisch; die mit Wasser gefüllte Schale steht mit einigem Abstand vor Ihnen. Der Kenzan ist auf Position 1 plaziert. Handwerkszeug sowie Zweige und Blumen liegen bereit (in unserem Beispiel für ○, □ = Scheinzypresse; △ = Gerbera; Salal).

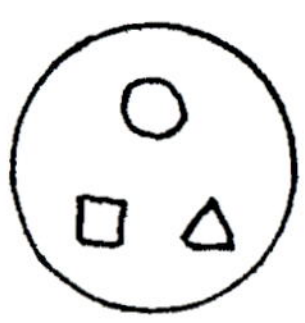

Einstellpunkte auf dem Kenzan

**Erster Schritt:** Der Zweig für Shin wird ausgewählt (aufrechter Wuchs sowie Licht- und Schattenseite sind zu beachten; die schönste Seite ist dem Betrachter zugewendet). Das richtige Längenverhältnis zur Schale wird am Gefäß gemessen (nicht etwa mit Zollstock oder Lineal!). Der Zweig wird von störenden Seitentrieben befreit, die Schnittstellen geschwärzt (sie wirken sonst wie Wunden). Auf eine Länge von etwa 5 cm wird der Fuß von jeglichem Grün (Blattwerk, Nadeln) befreit, weil dies die weitere Arbeit auf dem Kenzan behindern würde. Zudem besteht die Gefahr, daß Nadeln oder Blätter im Wasser hängen und durch Fäulnisbildung das Ikebana schnell verderben. Schräg angeschnitten wird der Zweig senkrecht in die hintere Mitte des Kenzan gestellt und mit etwa 10 bis 15° nach links fast aufrecht arrangiert.

**Zweiter Schritt:** Der Zweig für Soe, der dieselbe Wuchsrichtung zeigen muß, wird ebenso vorbereitet, auf eine Länge von 3/4 zu Shin schräg angeschnitten und auf die linke vordere Position des Kenzan mit einer Neigung von 45° zur linken Schulter gebracht.

**Vierter Schritt:** Hinter den Shin wird ein Jushi gestellt, damit das Ikebana noch mehr räumliche Tiefe gewinnt. Ein zweiter Jushi findet zwischen Shin und Soe Platz (beide Hilfslinien aus demselben Material wie Shin und Soe).

**Dritter Schritt:** Die Blume für Hikae (soweit möglich, wird gern die knospigste der zur Verfügung stehenden Blüten gewählt) wird unter Wasser gerade angeschnitten (Länge: 1/2 von Soe). Wegen ihres starken Neigungswinkels von 75° wird sie leicht schräg über den Kenzan gehalten, mit einer Hand auf die Nadeln gedrückt (auf dem Kenzan rechts vorn), mit der anderen in ihre endgültige Position zur rechten Schulter geneigt. Der Blütenkopf schaut nach oben (sonst sähe das Ikebana traurig aus) und korrespondiert mit den beiden anderen Hauptlinien.

**Fünfter Schritt:** Dem Hikae werden zwei Blumen als Jushi zugeordnet, eine wird hinter dem Hikae eingestellt und leicht seitlich arrangiert, die zweite steht im Kenzan vor dem Hikae und kommt auf den Betrachter zu.

**Sechster Schritt:** Das Grün an der Basis schafft Geschlossenheit des Arrangements und verdeckt gleichzeitig den Kenzan. Die Zweiggruppe wird dabei von kurzen Abschnitten der Scheinzypresse unterstützt, den Blumen sind Salalblätter beigegeben. – Für diesen letzten Schritt gibt es keine festen Regeln, was die Arbeit für den Anfänger eher erschwert. Der Kenzan darf nicht rundherum „zugedeckt" werden; vielmehr ist der Rhythmus der arrangierten Form aufzunehmen, um einen interessanten Abschluß zu finden (eine gedankliche Hilfe mag auch hier das „ungleichseitige Dreieck" sein).
Die Verbindung des Arrangements zum Gefäß schaffen Blätter, die über den Schalenrand hinausschwingen. Dabei darf kein Blatt aufliegen; das Ikebana würde schwerfällig wirken.

In den seltensten Fällen sind Zweige „ikebana-gerecht" gewachsen; der Gestalter muß also nachhelfen. Dies kann auf verschiedenste Weise geschehen. Die Scheinzypresse in dem eben behandelten Beispiel ist von Natur aus gerade und aufrecht gewachsen; sie läßt sich aber ohne Schwierigkeiten biegen. Beide Hände umschließen den Zweig dergestalt, daß die Daumen ihn von unten unterstützen (die Daumen stoßen dabei aneinander). Dann gibt man ihm vorsichtig die gewünschte Biegung. Evtl. kann man den Zweig während des Biegevorganges zusammendrücken und gegeneinander drehen; dann gibt er eher nach und schnellt nicht wieder in die alte Form zurück.

Das Bildbeispiel zeigt noch eine weitere Möglichkeit, Zweige in ihrem Aussehen und damit in ihrer optischen Wirkung zu verändern: durch geschicktes, unregelmäßiges Ausschneiden des Grüns. Zum einen läßt sich so die Linie, der das Auge folgen soll, deutlicher herausarbeiten. Zum anderen erreicht man im Zweig eine interessante Rhythmik, wenn das Entfernen von Blättern oder Nadeln unregelmäßig geschieht, also der Bewuchs partiell dicht bleibt, an anderen Stellen vollständig entfernt wird.
Das Ausschneiden von Zweigen, das Abschneiden von Blättern und Blütenköpfen, das Kürzen einer langstieligen Blume ist gewöhnungsbedürftig und fällt am Anfang schwer. Üben Sie es mit Zweigen, die Sie nicht benötigen; sehr bald lernt das Auge zu erkennen, daß weniger oft mehr ist.

In Japan steht das Ikebana traditionell in einer Schmucknische (Tokonoma). Das erklärt, warum es keine schöne Rückseite hat; es wird lediglich von einer Seite betrachtet. – Ein geeigneter Platz in unserem Wohnzimmer ist ein Sideboard, ein Tischchen, das an der Wand steht, oder ähnliches (je ruhiger der Hintergrund, desto mehr kommt das Arrangement zur Geltung). – Da der seitliche Blickwinkel bei solchen Standorten nicht zu vermeiden ist, sehen die neueren Gestaltungsweisungen eine saubere Ausarbeitung auch der Seiten vor.

Wie wir gesehen haben, stehen bei dem ‚Grundstil aufrecht' Shin und Soe verhältnismäßig dicht beieinander; diese Form empfiehlt sich daher besonders für schlankes Material. So ist gewährleistet, daß sich die Hauptlinien nicht stören.

Eine interessante Variante bietet das Arbeiten mit Gräsern, die allerdings so zierlich wirken, daß die Menge der Jushi erheblich erhöht werden muß, wie das folgende Beispiel (○, □ = Federborstengras; △ = Lisianthus) zeigt. Aber auch hier gilt, daß zuerst ein Halm für Shin, ein Halm für Soe und eine Blume für Hikae gestellt werden, ehe man mit der Komplettierung der Gruppen beginnen kann.
Denken Sie dabei an die Regel, daß Jushi stets kürzer gehalten werden als die Hauptlinien, denen sie zugeordnet sind!

Die sehr langen und schmalen Blätter des Federborstengrases werden an der Spitze mit einem Schrägschnitt gekürzt; die Methode ist unauffällig, und das stabile Schaftstück bleibt erhalten. – Die Blumen werden so gekürzt und auseinandergeschnitten, daß die am unteren Stengel sitzenden Blätter ein Stielstück behalten und zur Ausarbeitung der Basis einzeln in den Kenzan gestellt werden können. Ohne dieses Stielstück wäre für die meisten Blätter eine Wasseraufnahme nicht möglich. – Das Rosa der Blüten wiederholt sich ansatzweise in den Ähren des Federborstengrases; die Ton-in-Ton-Arbeit strahlt Ruhe aus.

Die vier gezeigten Beispiele für den ‚Grundstil aufrecht' machen die unterschiedliche Wirkung je nach Material- und Gefäßauswahl deutlich. Zudem sind sie eine Wanderung durch die vier Jahreszeiten (erstes Beispiel: Herbst, zweites Beispiel: Frühling, drittes Beispiel: Winter, viertes Beispiel: Sommer), die im Ikebana eine entscheidende Rolle spielen. Das „Rohprodukt" liefert die Natur, die im Jahresablauf sehr unterschiedliche Erscheinungsbilder bietet.

Ikebana-Arrangements sind schnell vergänglich. Gerade durch ihre Vergänglichkeit bringen sie dem Menschen den ewigen Wandel der Natur näher, das Werden und Vergehen, in das er selbst letztlich einbezogen ist. Die Beschäftigung mit dem Ikebana kann also ein Weg sein, das Empfinden für die Natur zu sensibilisieren.

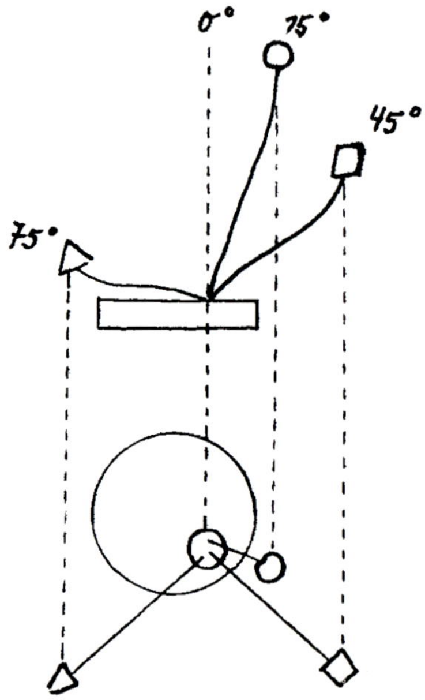


## Grundstil aufrecht – seitenverkehrt

**Material:** ○, □ = Sauerampfer; △ = Rainfarn; Erika
Ikebana entsteht aus von der Natur vorgefertigten Formen, die nicht dogmatisch in festgelegte Regeln gepreßt werden dürfen. Diesem Grundsatz folgend, können Grundstile und Variationen seitenverkehrt gearbeitet werden, wenn die Pflanzen durch ihre Wuchsrichtung dies bestimmen. Die Arrangements, die den von der Schule vorgegebenen Schemazeichnungen entsprechen, heißen Hongatte; werden sie seitenverkehrt arrangiert, nennen wir sie Gyakugatte.

Der Kenzan wechselt auf die Position 2. Shin und Soe stehen rechts von der gedachten Nullinie, Hikae steht links davon. Die Neigungswinkel behalten ihre Gültigkeit: Shin wird also mit 10 bis 15° leicht nach rechts fast aufrecht arrangiert, Soe mit 45° zur rechten Schulter, Hikae mit 75° zur linken Schulter. Die Ausarbeitung erfolgt analog obiger Beschreibung, wobei im vorliegenden Beispiel die Jushi zu Shin und Soe teilweise aus dem dritten Material (Erika) gestellt sind und so die Zweiggruppe von der Blumengruppe deutlich abgrenzen. – Die sehr schlichten Pflanzen, die an Wegrändern und in Waldlichtungen reichlich wachsen und im allgemeinen wenig Beachtung finden, erziehen zu neuer Aufmerksamkeit.

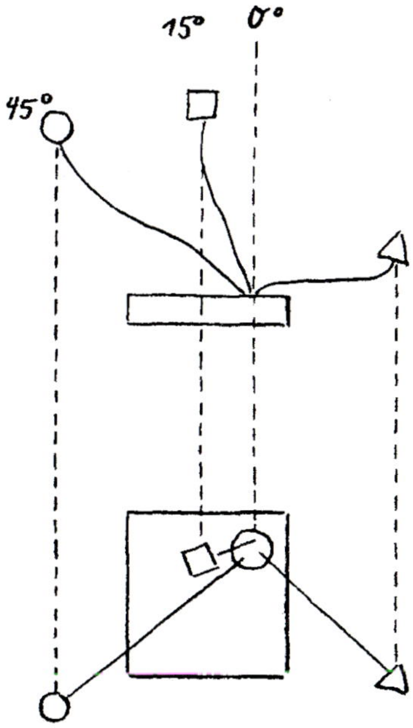

## Grundstil geneigt

**Material:** ○, □ = Mahonia; △ = Freesie
Neben aufrechten kennen wir geneigte Anordnungen; entscheidend für die Klassifizierung ist der Neigungswinkel der längsten Linie Shin. – Vergleichen Sie die Schemazeichnung des aufrechten mit der des geneigten Grundstils! Shin und Soe tauschen ihre Positionen, so daß Shin nun mit 45° schräg zur linken Schulter arrangiert ist; Soe steht mit 15° nach links fast aufrecht in der hinteren Mitte des Kenzan. Auch bei der geneigten Grundform weisen Shin und Soe dieselbe Wuchsrichtung auf, wie die Zweige des Beispieles deutlich zeigen.
Hikae bleibt mit 75° zur rechten Schulter auf seiner Position. Die in die Höhe arrangierten Jushi werden eher etwas kürzer gehalten als beim ‚Grundstil aufrecht', damit sie sich der weicheren Linienführung der gesamten Komposition anpassen.
Die Blätter der Mahonia bewegen sich vom Hauptast in der Waagerechten weit ab. Sie werden zu großen Teilen zurückgeschnitten, um eine klare Linie herauszuarbeiten.

Die Wuchsrichtung der Freesien muß wegen ihres unregelmäßigen Knospenansatzes vor dem Arrangieren besonders genau beobachtet werden; sie sollte stets in die Anordnung zurückführen und mit den anderen Linien korrespondieren. Die äußersten winzigen Knospen knipst man ab; sie werden nicht mehr aufblühen und nehmen der Blume unnötig Kraft.
Der Kenzan ist nach hinten auf Position 3 gerückt. (Als Faustregel gilt übrigens: Aufrechte Anordnungen stehen auf einem der vorderen, geneigte Anordnungen auf einem der hinteren Plätze.) Durch die relativ starke Neigung des Shin kann es vorkommen, daß der Kenzan den Zweig nicht halten kann und umfällt; dann empfiehlt es sich, mit einem zweiten Kenzan ein Gegengewicht zu schaffen.

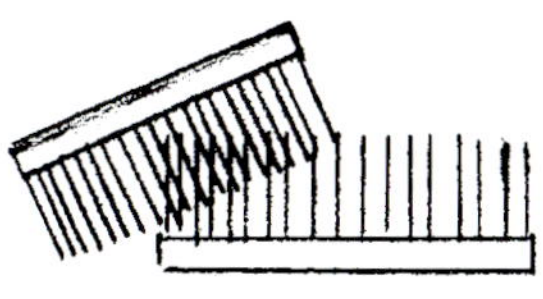

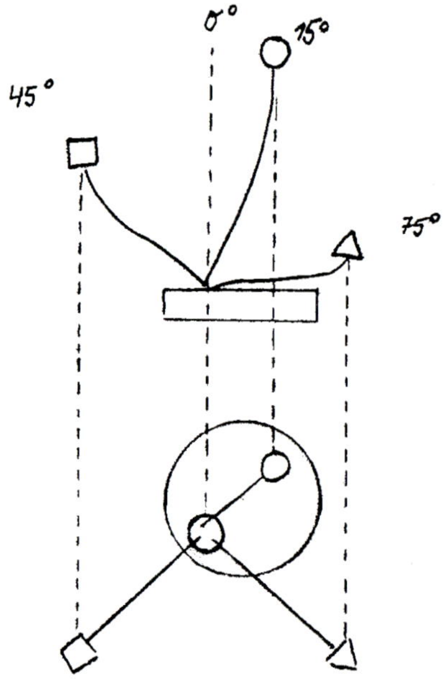


## Variation 1 aufrecht

**Material:** ○, □ = Kiefer; △ = Calla
Die Schemazeichnung zeigt die Veränderung zum ‚Grundstil aufrecht': Der Shin wechselt seine Position von der linken zur rechten Seite und wird mit 15° schräg nach hinten arrangiert. Soe und Hikae behalten ihre Standorte. Der Kenzan steht wie beim ‚Grundstil aufrecht' auf Position 1. – Die annähernd diagonale Anordnung der beiden ersten Hauptlinien schafft viel freien Raum und gestattet die Verwendung von verzweigtem oder dicht belaubtem Material. Die Wuchsrichtung von Shin und Soe darf nun nicht mehr dieselbe sein (im Gegensatz zu den Grundstilen); vielmehr stehen sie sich gegenüber, wodurch eine Trichter-Wirkung entsteht. Der Hikae verstärkt diese Wirkung noch durch seine Position gegenüber dieses „Trichters". Die Jushi werden verhältnismäßig kurz gehalten, damit zwischen Shin und Soe ausreichend freier Raum bleibt.

Weil bei Kiefernzweigen die relativ vereinzelt stehenden Nadeln entlang des Hauptastes oft unordentlich aussehen, werden sie im wesentlichen ausgeputzt. – Die Kiefer gehört in Japan zusammen mit Bambus und Pflaume zu den „drei Freunden des Winters", die traditionell zum Neujahrsfest arrangiert werden. Sie symbolisiert Beständigkeit und langes Leben.

## Variation 1 geneigt

**Material:** ○, □ = Schwarzerle; △ = Lilie; Contoneaster
Wie im vorangegangenen Beispiel der Shin verändert nun der Soe, vom ‚Grundstil geneigt' ausgehend, seine Position: Er wird zur rechten Seite und schräg nach hinten mit 15° arrangiert. Shin bleibt mit 45° zur linken Schulter geneigt; die bei der ‚Variation 1 aufrecht' schon beschriebene Trichterwirkung durch die beiden ersten Hauptlinien ist in der geneigten Anordnung noch verstärkt. Hikae behält seinen Standort mit 75° zur rechten Schulter, wieder gegenüber des „Trichters". Der Kenzan steht auf Position 3. – Die völlig entblätterten Zweige wirken trotz ihrer ausladenden Seitentriebe durchsichtig. Die winterliche Stimmung des Ikebana wird durch die weißen Blüten und das wenige Grün an der Basis noch verstärkt.
Schon bei den aufrechten Arrangements kommt der Wasserfläche in den flachen Schalen eine erhebliche optische Bedeutung zu; die Spiegelung eines Blattes dicht darüber wirkt lebhaft und erfrischend. Noch augenfälliger wird dies bei geneigten Arbeiten durch die hintere Position des Kenzan, von der aus der Shin weit über die Wasserfläche schwingt.

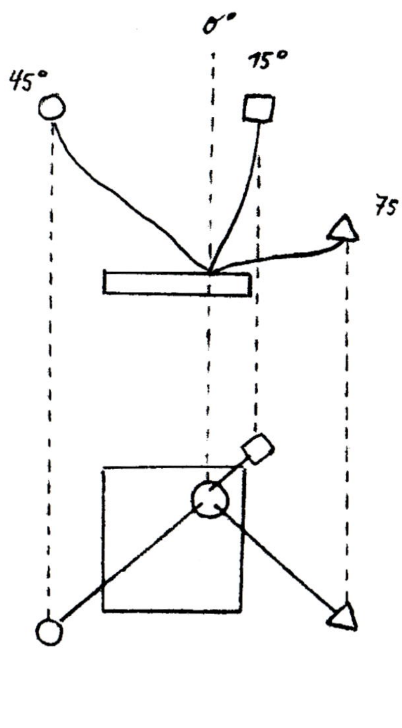

## Variation 2 aufrecht

**Material:** ○, □ = Schlehe; △ = Rose; Ginster
Wie schon beim ‚Grundstil aufrecht' bleibt der Kenzan auf Position 1. Shin behält seinen Standort von 15° links der Nullinie, Soe und Hikae sind ausgetauscht. d. h. Soe wird mit 75° sehr stark zur rechten Schulter geneigt, Hikae steht mit 45° schräg zur linken Schulter. Der Shin steht also ohne Begleitung fast aufrecht über dem Kenzan, Soe bewegt sich weitab von ihm, beinahe waagerecht zur Schale – jede Linie mit einem Ausdruck starker Persönlichkeit. Die Rosen erhalten als Verstärkung gleichfarbigen Ginster, der die Basis optisch stützt. Rosen sind im Hinblick auf die Haltbarkeit oft problematisch. Für sie ist der Schnitt unter Wasser ganz besonders wichtig, möglichst zwei- bis dreimal. Da die Rose Wasser auch über ihre Stacheln verdunstet, sollten diese auf jeden Fall vollständig entfernt sein.

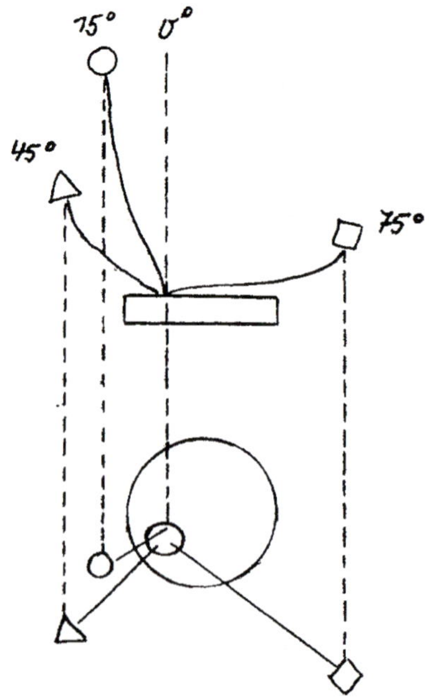

## Variation 2 geneigt

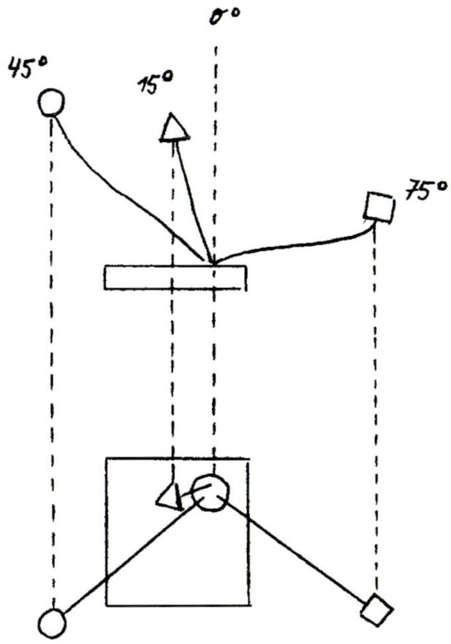


**Material:** ○, □ = Spirea; △ = Iris
Vergleichen Sie die Schemazeichnung mit dem ‚Grundstil geneigt'! Der Shin behält seine Position mit 45° zur linken Schulter; Soe und Hikae tauschen ihre Standorte, so daß der Soe mit 75° sehr stark geneigt zur rechten Schulter zeigt, der Hikae steht mit 15° nach links fast aufrecht hinter dem Shin. Der Kenzan bleibt auf Position 3. (Für das vorliegende Beispiel wurde eine längliche Schale gewählt; die korrekte Position des Kenzan befindet sich in diesem Fall nicht in der rechten hinteren Ecke, sondern auf dem ersten Drittel der rechten Seite hinten.)
Diese weit ausladende Form birgt die Gefahr, daß das Ikebana optisch auseinanderfällt. Die Spireenzweige mit ihren zahlreichen filigranen Verzweigungen wirken dem entgegen. Hilfreich sind auch der hinter Hikae gestellte Jushi sowie die Jushi zwischen den Blumen – ebenfalls Spireenzweige, die einen schönen Kontrast zu der sehr klaren Linie der Iris bieten. Die Blumenanordnung darf nicht eintönig wirken. Die Iris sind deshalb nicht von hinten nach vorn und von groß nach klein arrangiert, wie es auf den ersten Blick scheinen mag; vielmehr steht die zweitlängste Iris als Jushi hinten, dann folgt die längste Iris als Hikae, davor die viertlängste; die drittlängste schafft Raum nach rechts, und die (optisch, aber nicht tatsächlich) kürzeste Iris ist zum Betrachter geneigt.

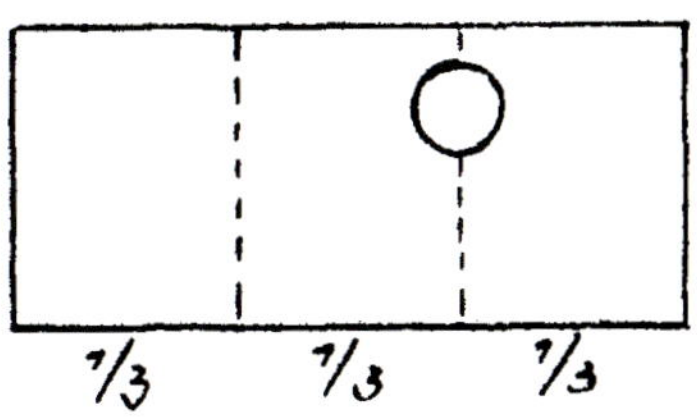

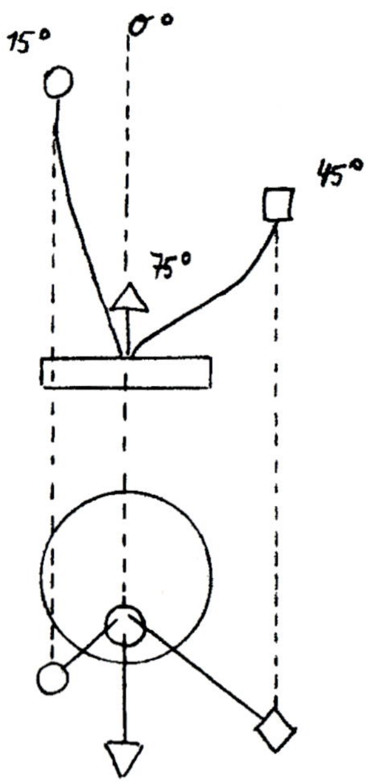


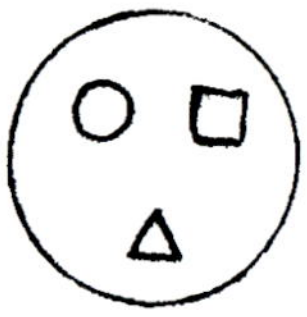

Einstellpunkte
auf dem Kenzan

## Variation 3 aufrecht

**Material:** ○, □ = Hirse; △ = Veronica; Erika, Bouvardia, Farn

Wichtiges Merkmal dieser Variation ist die Plazierung des Kenzan auf Position 5. Die Einstellpunkte der drei Hauptlinien auf dem Kenzan bilden nun nicht mehr ein mit der Spitze nach hinten weisendes Dreieck; es zeigt nach vorn, d. h. Shin wird hinten links auf dem Kenzan eingestellt, Soe hinten rechts, Hikae vorn in der Mitte). Shin und Soe bilden einen Fächer, der den im Zentrum arrangierten Hikae umschließt. – Shin bleibt in der Position, wie wir sie schon vom ‚Grundstil aufrecht' kennen. Soe steht ihm gegenüber mit einem Neigungswinkel von 45° zur rechten Schulter, Hikae schafft die optische Mitte mit einem Neigungswinkel von 75° direkt zum Betrachter (letzteres geben Fotos nur sehr mangelhaft wieder).

Soweit Shin und Soe Hilfslinien benötigen, wird der Jushi zu Shin vor der Hauptlinie, der Jushi zu Soe dahinter arrangiert. Schauen Sie sich im Hinblick auf die Positionen der Jushi die Draufsicht der Schemazeichnung noch mal an: Die mit 45° schräg nach vorn gearbeitete Linie des Soe steht verhältnismäßig dicht bei Hikae, so daß zwischen beiden kein ausreichender Platz für eine Begleitlinie zum Soe bleibt. Zudem würde das Arrangement ohne die Einhaltung dieser Regeln optisch auf das Gesicht fallen. – Die Ausarbeitung der rückwärtigen Tiefe geht von Soe aus. Dieser wie auch den Seiten kommt bei der Variation 3 eine besondere Bedeutung zu.

Das Bildbeispiel, ein spätsommerliches Ikebana, ist aus fünf Materialien gearbeitet und spiegelt die reiche Flora dieser Jahreszeit wieder. (Bei den traditionellen Ikebana-Formen wird auf die Anzahl von vier und sechs verzichtet, d. h., es werden niemals vier oder sechs Blumen einer Sorte in einem Ikebana verwendet und niemals vier oder sechs Materialien. Beim freien Arbeiten gibt es diese Einschränkung, wie wir später sehen werden, nicht mehr.)

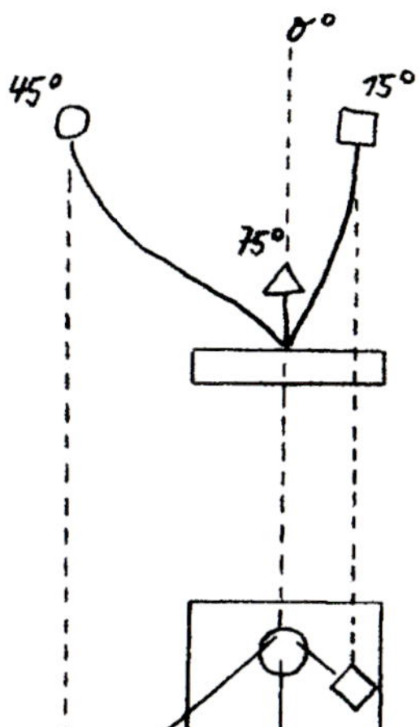


## Variation 3 geneigt

**Material:** ○, □ = Cornus; △ = Rose
Die Schemazeichnung zeigt den Kenzan auf Position 7 (das Bildbeispiel ist in einem Pokal gearbeitet, so daß der Kenzan hier zwangsläufig in der Mitte des Gefäßes steht). Die Einstellpunkte der drei Hauptlinien auf dem Kenzan entsprechen der ‚Variation 3 aufrecht'. – Shin behält seine Position gemäß dem ‚Grundstil geneigt' mit 45° zur linken Schulter, Soe steht ihm gegenüber mit 15° fast aufrecht (denken Sie auch hier an die Fächerbildung der beiden ersten Hauptlinien!), Hikae bewegt sich mit 75° direkt auf den Betrachter zu. Die Ausarbeitung der rückwärtigen Tiefe geht nun von Shin aus.

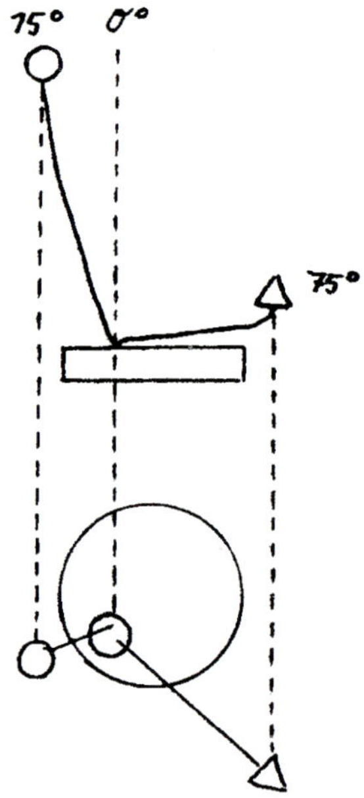


## Variation 4 aufrecht

**Material:** ○ = Apfel; △ = Tulpe
Die Plazierung des Kenzan im Gefäß sowie Shin und Hikae in ihren Positionen und Neigungswinkeln sind identisch mit dem 'Grundstil aufrecht' – Soe fehlt. – Shin dominiert bei dieser sparsamen Anordnung in ganz besonderer Weise und muß sorgfältig ausgewählt werden, da die Unterstützung durch den Soe wegfällt. Die Jushi werden so kurz gehalten, daß sie nicht mit Soe verwechselt werden können (höchstens 1/2 von Shin), und werden sparsamer verwendet. Die Länge des Hikae wird mit etwa 1/3 von Shin gemessen. Die Reduzierung auf das Wesentliche zwingt gleichzeitig zu sehr überlegtem Arbeiten. – Diese bescheidenste aller Schulformen verlangt nach entsprechender Gefäßauswahl – zierliche Keramiken, Glas, Bambusgefäße oder Körbchen bieten sich an.
Die fließende Bewegung des Shin setzt sich in der Form des Tellers fort. Die rosa und weiß melierten Tulpen verleihen dem Ikebana eine frühlingshafte Frische. Das Weiß wiederholt sich in den wenigen noch verbliebenen Blüten des Apfelzweiges. – Die Tulpen wachsen auch noch auf dem Kenzan und müssen regelmäßig gekürzt werden, um die richtigen Längenverhältnisse zu erhalten. Ihre Blätter sind manchmal groß und lappig; mit einem Schnitt gemäß ihrer natürlichen Form werden sie verkleinert. Tulpenblätter lassen sich leicht umklappen und etwas rollen, so daß von ihnen ein Ausdruck von Fröhlichkeit ausgeht.

## Variation 4 geneigt

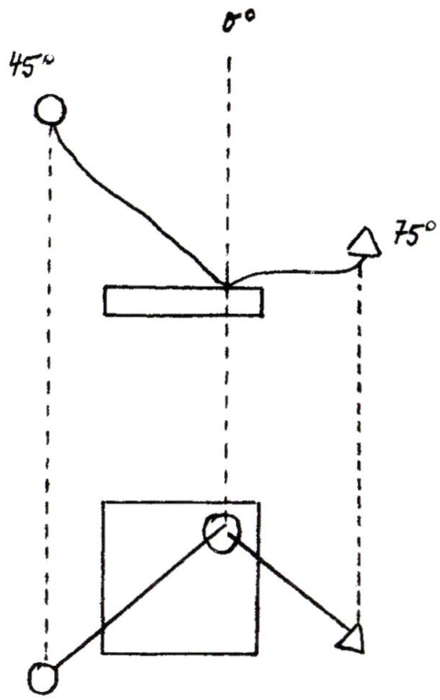


**Material:** ○ = Korkenzieherhasel; △ = Ranunkel; Eukalyptus

Analog zu oben Gesagtem leitet sich die ‚Variation 4 geneigt‘ vom ‚Grundstil geneigt‘ ab. Die beiden Hauptlinien Shin und Hikae bewegen sich weit auseinander. Den Jushi in der Schwerpunktmitte kommt daher besondere Bedeutung zu; sie halten das Arrangement optisch zusammen. Tiefe bekommt das Ikebana durch die hintere Hilfslinie, die sich wie auch die übrigen Jushi der fließenden Bewegung der Hauptlinien anpassen muß; sie würde sonst den Gesamteindruck stören.

Der für Shin verwendete Zweig verfügt über einen Seitentrieb, der optisch die Position des Soe übernehmen könnte. Diese ausdrucksstarke Shin-Linie würde eine Soe-Linie also ohnehin nicht mehr dulden.

Die Zweige des Korkenzieherhasels sind für das Ikebana nur interessant, solange das Laub annähernd fehlt, damit ihre schönen Linien zur Geltung kommen. Da auch die Ranunkeln keine Blätter aufweisen, wird das Ikebana an der Basis durch sparsam verwendeten Eukalyptus unterstützt.

## Variation 5 aufrecht – geteilte Form

**Material:** ○, □, △ = Kaiserkrone; Mahonia
Eine interessante Variante der bisher behandelten Stilarten stellt das Arbeiten auf zwei Positionen innerhalb eines Gefäßes dar (Kabuwake). Die Wasserfläche zwischen beiden Gruppen, eine wesentliche Komponente dieser Form, darf nicht zugestellt werden. Deshalb wird für die geteilte Form eher das kleine oder das Standardmaß gewählt. Die Kenzan dürfen, auch in einer länglichen Schale, in den jeweiligen Ecken stehen. Das Bildbeispiel ist aus dem ‚Grundstil aufrecht' entwickelt. Shin und Soe stehen auf einem Kenzan in der vorderen Position 1, Hikae auf einem zweiten Kenzan in der hinteren Position 3. Je nach Variation sind andere Plazierungen möglich, immer aber eine im vorderen und eine im hinteren Bereich des Gefäßes, um Tiefe zu schaffen und Spannung zu erzeugen. – Die Trennung der Hauptlinien erfolgt bei der Variation 1 analog des Grundstils; bei den Variationen 2 und 3 wird der Soe gesondert arrangiert. Mindestens ein Pflanzenmaterial der ersten Gruppe muß sich in der zweiten Gruppe wiederholen, damit beide zu einer Einheit zusammenschmelzen. In unserem Bildbeispiel sind alle drei Hauptlinien aus Kaiserkronen gearbeitet, die Jushi sämtlich aus Mahonia. Jede Gruppe öffnet sich zu der anderen, sie beziehen sich aufeinander.

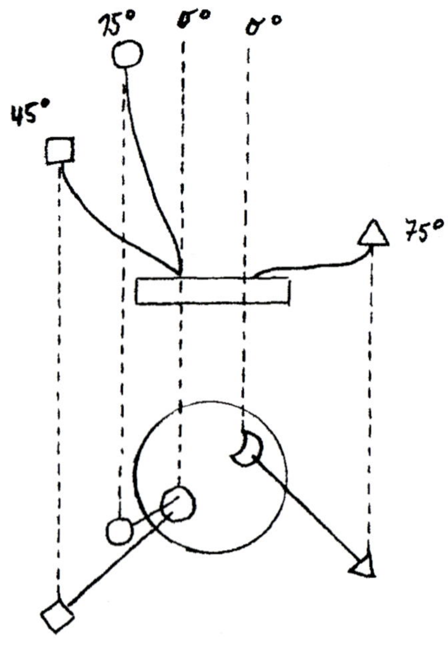

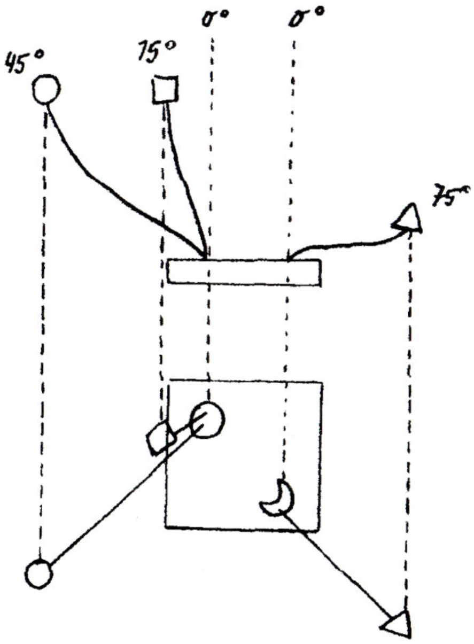


## Variation 5 geneigt – geteilte Form

**Material:** ○, □ = Zierquitte; △ = Freesie; Flieder
**Material:** ○, □, △ = Besenginster; Erika, Rainfarn
Die erste Schemazeichnung zeigt Shin und Soe auf Kenzan-Position 4, Hikae auf Kenzan-Position 2; die Richtungen der drei Hauptlinien entsprechen dem ‚Grundstil geneigt'. Shin und Soe sind aus Zweigen der Zierquitte gestellt, Hikae wird von der längsten Freesie verkörpert. Vier weitere Blumen verteilen sich als Jushi auf beide Teile der Anordnung. Kurze blühende Abschnitte der Zierquitte beleben farblich den Hikae. Die Gruppen sind komplettiert mit kurzen frischen Fliedertrieben. – Rückt man die Kenzan zusammen und stellt sie auf die Kenzan-Position 3, entspricht die Anordnung wieder dem ‚Grundstil geneigt'.

Das Beispiel zeigt, daß sich bei der auseinandergezogenen Form die Blumen auch in der Zweiggruppe wiederholen können, daß im übrigen die Jushi zur Ausarbeitung der Gruppen nicht zu knapp bemessen sein dürfen.
In der zweiten Schemazeichnung sind die Kenzan-Positionen beibehalten, die Richtungen der drei Hauptlinien aber seitenverkehrt wiedergegeben. Shin und Soe einerseits und Hikae andererseits bewegen sich nun zueinander, eine von vielen Möglichkeiten des Kabuwake-Stils. Alle drei Hauptlinien sind aus Besenginster gearbeitet, der durch sanftes Biegen einen schönen Schwung bekommen hat. Lilafarbene Erika ergänzt und verdichtet an der Basis von Shin und Soe den Ginster und wiederholt sich bei Hikae, dem außerdem Blüten des gelben Rainfarn zugeordnet sind. Beide Gruppen werden nach außen durch zusätzliche Jushi verstärkt, die verhindern sollen, daß das Ikebana „abgeschnitten" wirkt.

In der Einleitung war bereits von Farben und ihrer Auswirkung im Ikebana die Rede. Der Einfluß von Farbe beruht nicht auf dem Ausdruck jeder einzelnen Farbe für sich, sondern auf dem Zusammenwirken mehrerer Farben miteinander.
Die Schemazeichnung zeigt die drei Primärfarben Rot, Gelb, Blau; durch die Mischung von jeweils zwei der Primärfarben entstehen die Sekundärfarben Orange, Grün, Violett. Im Farbenkreis liegen sich gegenüber die Komplementärfarben Rot – Grün, Gelb – Violett, Blau – Orange; ihre Zusammenstellung ergibt besondere Farbintensität.
Eine weitere Komponente der Farbenlehre betrifft den Tonwert, also den Helligkeitsgrad einer Farbe: Wie die Schemazeichnung ausweist, gehören zu den hellen Farben im wesentlichen Grün, Gelb und Orange, zu den dunklen Farben im wesentlichen Rot, Violett und Blau. Daneben wird unterschieden nach warmen und kalten Farben. Die warmen Farben sind Rotviolett bis Gelb, die kalten Farben Gelbgrün bis Violett.

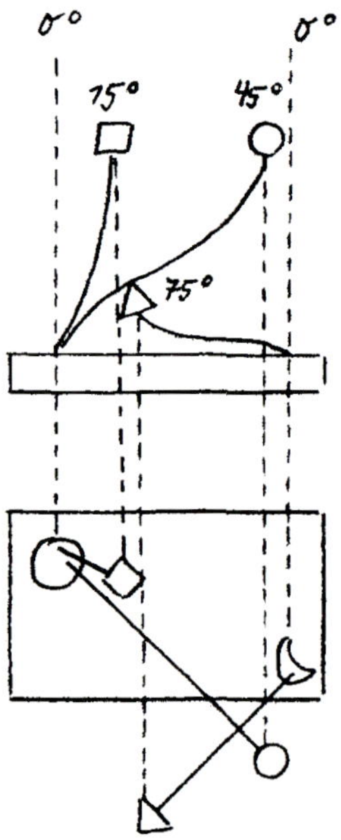


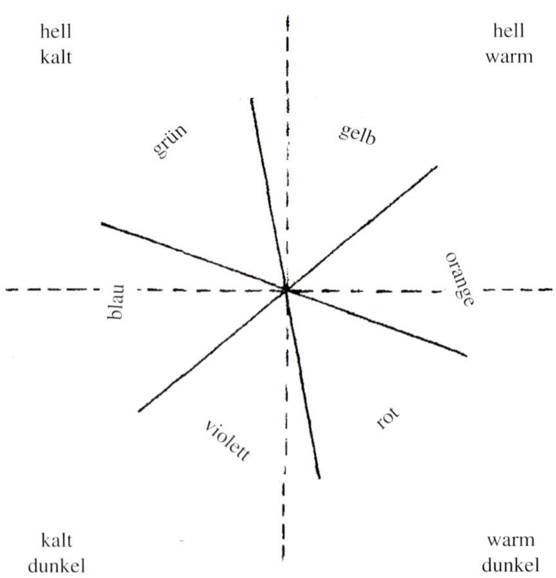

## Variation 6 – Tischarrangements

aufrecht – **Material:** ○, □ = Drehweide; △ = Anemone
geneigt – **Material:** ○, □ = Lonicera; △ = Scilla; Frauenmantel
horizontal – **Material:** ○, □ = Berberitze; △ = Rose

Tischarrangements sind von allen Seiten zu betrachten und stellen von daher ein Abweichen des bisher Gelernten dar. Bedingt durch eine andere Eßkultur, gab es sie im traditionellen Japan nicht. Erst nach der Begegnung mit westlichen Lebensgewohnheiten wurde diese Variation entwickelt.

Beim Moribana gibt es drei Möglichkeiten: aufrechter, geneigter und horizontaler Stil (siehe Schemazeichnungen – Vorderansicht). Die Neigungsgrade der aufrechten und der geneigten Form sind aus den vorangegangenen Lektionen bekannt; eine Ausnahme bildet der horizontale Stil, bei dem der Shin mit 85° fast waagerecht über den Schalenrand schwingt und der Soe mit 65° den höchsten Punkt des Ikebana bildet; nur der Hikae behält seinen Neigungswinkel von 75° bei. Mit diesem Stil wird dem Umstand Rechnung getragen, daß Blumen auf einem Tisch niemals den Blickkontakt zum Gegenüber verstellen dürfen.

Wie aus den Draufsichten erkennbar, teilen die drei Hauptlinien einen gedachten Kreis in drei gleich große Abschnitte; die Asymmetrie entsteht durch die unterschiedlichen Längen und Neigungswinkel.

Die Hauptlinien insbesondere des horizontalen Stils streben weit auseinander. Um das Ikebana trotzdem optisch zusammenzuhalten, werden die Jushi zum größten Teil so auf dem Kenzan eingestellt, daß sie sich über ihm kreuzen. Sie sind kurzgehalten und in unterschiedlichen Höhen arrangiert. Das Gefäß wird immer wieder gedreht, damit alle Seiten sorgfältig ausgearbeitet werden können. Die Tischarrangements verlangen daher etwas reichlicher Material. Für die Kenzan-Plazierung im Gefäß gibt es keine festen Anweisungen; rücken Sie das Ikebana in der Schale, bis Sie eine interessante Variante gefunden haben! Soweit es das Gefäß zuläßt, ist die Mitte zu vermeiden.

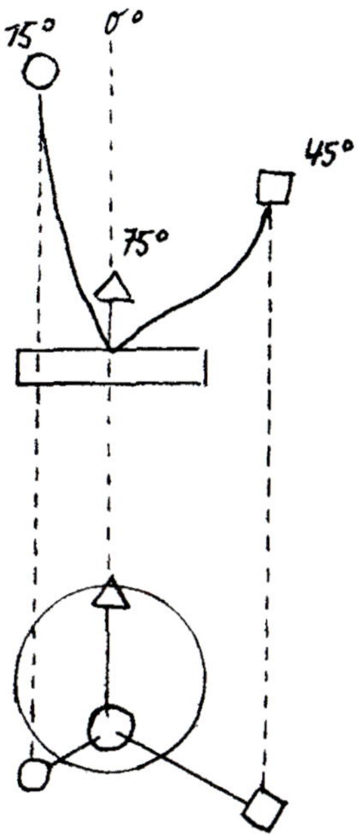

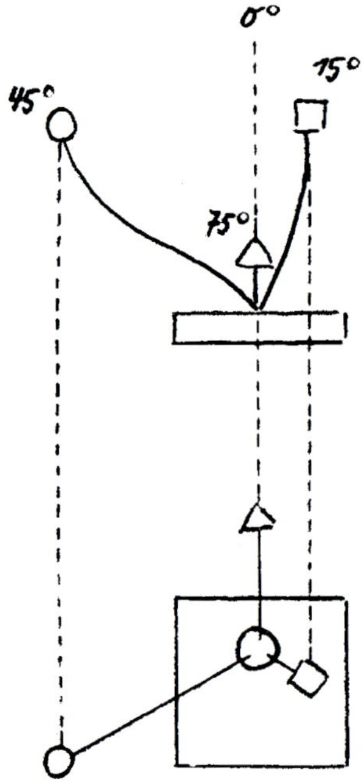
0°
15°
45°
75°

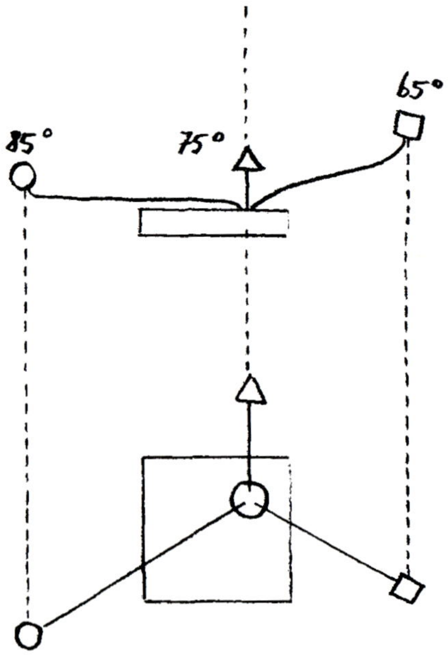
65°
85°
75°

## Variation 7 – Ukibana

**Material:** □ = Efeu; △ = Begonie
Alle bisherigen Gestaltungen bewegten sich in den Raum; für die Variation 7 wird die Fläche primäres Kompositionsprinzip. Die drei Stilarten unterscheiden sich auch dadurch von den übrigen Moribana-Arrangements, daß sie ohne Kenzan gearbeitet werden.

Das Ukibana (schwimmendes Arrangement) wird auf großen, flachen Tellern oder Schalen gearbeitet. Die Wasserfläche symbolisiert Shin, ist also im Ukibana eine äußerst wichtige Gestaltungskomponente und muß weitgehend frei bleiben. Ein Efeuzweig für Soe und zwei Begonienblüten für Hikae komplettieren bereits das Ikebana. – Der Anschnitt des Efeuzweiges weist nach unten, damit die Wasseraufnahme trotz des niedrigen Wasserstandes gewährleistet ist. Die Begonienblüten sind direkt unter dem Blütenkopf abgeschnitten.

Bei der Auswahl der Pflanzenmaterialien für das Ukibana ist deren Stabilität im Wasser ausschlaggebend. Die sehr sparsame Arbeit erzeugt Klarheit und Schlichtheit im Ergebnis. Jedem einzelnen Element kommt große Bedeutung im Hinblick auf den optischen Wirkungsgrad zu; durch geschickte Zusammenstellung von Formen und Farben wird Gleichförmigkeit vermieden. – Wegen des erfrischenden Anblicks von Wasser ist das Ukibana besonders beliebt während der heißen Sommermonate.

## Variation 7 – Shikibana

**Material:** Sanddorn, Wacholder, Tagetes
Das Shikibana (Trockenarrangement) wird ohne Gefäß direkt auf dem Tisch, eventuell auch auf einem Set, ausgelegt. Man arbeitet mit frischen Materialien, die sich wenigstens einige Stunden ohne Wasser halten können; insofern eignen sich bestimmte Pflanzen nicht dafür. Auf jeden Fall aber handelt es sich hier um eine besonders schnell vergängliche Form. (Den Europäer erinnert sie an die alte abendländische Sitte, einen festlichen Tisch mit frischen Ranken zu dekorieren.)

Eine gedankliche Hilfe zur Erarbeitung dieser Lektion gibt das ungleichseitige Dreieck, das den äußeren Rahmen für die ausgelegten Zweige bildet. Dank mehrerer Seitentriebe liegen sie nicht plan auf, so daß trotz der flachen Anordnung Leichtigkeit von dem Arrangement ausgeht. Der Wacholder ist in der Schwerpunktmitte lose in die Zweige gehängt und bildet die Basis für die kurz unter dem Blütenkopf abgeschnittenen Blumen.

Das Shikibana lebt von rhythmisch interessanten Zusammenstellungen, wobei Strukturen und Farbkombinationen zu einem wichtigen Aspekt werden. Es wird so zu einer Lektion, die die Aufmerksamkeit im Hinblick auf die Vielgestaltigkeit der Formen in der Natur schult unter Beachtung farblicher Ausgewogenheit.

## Variation 7 – Morimono

**Material:** Kiefer, Petersilie, Paprika, Äpfel, Zwiebeln
Das Morimono (Arrangement mit Früchten) gehört in Japan zu den traditionellen Neujahrsarrangements; Früchte und Samen symbolisieren wiederkehrendes Leben. In unserem Kulturkreis erinnert diese Form an Anordnungen zum Erntedankfest. Das Morimono läßt die Verwendung vielfältiger Früchte zu, eventuell kombiniert mit Blättern, Wurzeln und anderem floralen Material. Eine Frucht kann aufgeschnitten arrangiert werden, wodurch neue Strukturen entstehen – man denke z. B. an die Papaya, deren schwarze Kerne im hellen Fruchtfleisch für einen lebhaften Ausdruck sorgen. Als Unterlagen bieten sich Körbe, flache Holz-, Metall- und Glastabletts oder auch ein großes Blatt an.

Die Rhythmik im Bildbeispiel ist geschaffen durch die Zwiebeltriebe, die von dem Kiefernzweig und der Petersilie begleitet und fortgeführt werden und den Akzent setzen. Obwohl relativ flach gearbeitet, ist doch der Dreidimensionalität Raum gegeben. Die Farbpalette reicht von Dunkelgrün über Hellgrün, Hellgelb bis zu gelblichem Braun. Der flache Korb schafft farblich und charakterlich eine passende Basis.

## Variation 8 – Kombination

**Material:** ○, □ = Hagebutte; △ = Chrysanthemen
Zwei beliebte Variationen aus den vorangegangenen Lektionen werden in zwei Gefäßen gearbeitet und zusammengestellt. Jede Anordnung ist in sich geschlossen, ein vollständiges Moribana; durch das Zusammenfügen werden sie zu einem neuen Ganzen. Notwendige Voraussetzung für die Wirkung als Einheit ist, daß die beiden verwendeten Gefäße zueinander passen und die Pflanzen sich, zumindest in großen Teilen, in beiden Arrangements wiederholen. Grundsätzlich gibt es keine Einschränkungen der Gestaltungsregeln; für die Anfangsübungen bietet sich die Zusammenstellung eines Hongatte- und eines Gyakugatte-Stils an.
Das Bildbeispiel ist entwickelt aus der ‚Variation 1 geneigt‘ (großes Maß) in Verbindung mit der ‚Variation 4 geneigt‘, seitenverkehrt (Standardmaß). Zwei halbmondförmige Schalen sind versetzt zueinandergestellt.
Der Kenzan im hinteren Gefäß steht nun auf Position 4 (statt Position 3), der Kenzan im vorderen Gefäß behält die dem Gyakugatte-Stil entsprechende Position 4. Das Beispiel zeigt, daß die Richtungen insbesondere des Hikae zugunsten der Gesamtkomposition etwas modifiziert sein können – ein erster Schritt, sich von festen Regeln zu lösen und eigene Kreativität zu entwickeln.
Die im Beispiel verwendeten vielblütigen, verzweigten Chrysanthemen werden auseinandergeschnitten; sie wirken sonst zu buschig. Dabei ist der Wuchs der Blume und ihrer Seitentriebe aufmerksam zu verfolgen. Bei geschicktem Schnitt sind die Reste oft noch verwendbar, da auf dem Kenzan relativ kurzstielig gearbeitet wird.
Üben Sie die Grundstile und Variationen mit verschiedenen Materialien! Zwingen Sie sich dabei keine bestimmte Variation auf; beobachten Sie die Wachstumsrichtung Ihrer Zweige und Blumen, und überlegen Sie, welche Form die jeweils geeignetste ist!
Neben dem in den vorangegangenen Lektionen behandelten Moribana wird das Nageire („Hineingeworfenes“), das Arrangieren in Vasen, unterrichtet. Die Grundstile und Variationen sind im wesentlichen mit denen des Moribana identisch. Allerdings ist die Fixierung des Materials in der Vase technisch etwas schwieriger und wird deshalb zumeist erst zu späterem Zeitpunkt erarbeitet. Innerhalb dieses Buches wird das Nageire aus Platzgründen nicht behandelt.

## Die Sogetsu-Schule

Der Name setzt sich aus den Zeichen „So“ (Gras) und „Getsu“ (Mond) zusammen; ihr Bildsymbol ist eine schmale Mondsichel, ein „Grasmond“. Die Sogetsu-Schule wurde 1927 von Sofu Teshigahara gegründet und gehört damit zu den jungen Ikebana-Schulen.
Die Sogetsu-Schule ermöglicht – auf der Basis von Tradition – ein zeitgemäßes, von Verkrustungen befreites Ikebana; der Schüler wird ermuntert, ohne Einengung durch starre Regeln *seinen* Ikebana-Weg zu gehen. Er kann sich dabei die uneingeschränkten Möglichkeiten zunutze machen, die uns die Natur durch ihre Vielfalt bietet. Und er kann Kombinationen mit nonfloralen Materialien probieren; interessante, überraschende Zusammenstellungen können das Ergebnis sein. – Der zweite Teil dieses Buches will bei den ersten Schritten helfen, will Anregungen geben, der eigenen Phantasie freien Lauf zu lassen – im Bewußtsein, daß auch nur annähernde Komplexität nicht zu erreichen ist.

## Freier Stil – erste Schritte

**Material:** Edeldistel, Statice, Rosen
Das in einem sehr hohen Pokal gearbeitete Ikebana entspricht in etwa den Gestaltungsregeln des ‚Grundstils geneigt‘. Alle drei Hauptlinien sind aus demselben Material gestellt; die als Jushi eingearbeitete sehr filigrane Statice schafft durch die Betonung der Waagerechten einen Ausgleich zu dem langen Fuß des Gefäßes. Zwei Röschen sind ins Zentrum des Arrangements gesetzt. Man könnte dieser Arbeit den Titel „Silberhochzeit“ geben – lassen Sie ab und an Ihre Phantasie spielen, was ein Arrangement ausdrücken möchte – überlegen Sie bei eigenen Arbeiten, ob Sie einem Thema folgen wollen!

**Material:** Astilben, Hortensien, Maiglöckchenblätter
Vergleichen Sie die Variation 3 aufrecht mit dem abgebildeten Arrangement: Shin und Soe sind zusammengerückt und stehen fast aufrecht beieinander, Hikae ist zum Betrachter ausgerichtet. Damit die sehr schlanke Anordnung nicht gedrängt wirkt, muß auf einem langen Kenzan in die Tiefe gearbeitet werden. Alle drei Hauptlinien sind aus einem Material gestellt, dabei grenzen die Blätter den Hikae zu den beiden anderen Hauptgruppen optisch ab und schaffen Raumtiefe. Die Hortensienblüten (als Jushi hinter Shin und vor Soe plaziert) stellen die farbliche Verbindung zwischen den Astilben einerseits und der Schale andererseits her und nehmen der Anordnung ihren harten Kontrast.

**Material:** Apfel, Kiefer, Chrysanthemen
Eine beliebte Möglichkeit auf dem Weg zu freierer Handhabung des Gelernten ist das Arbeiten auf zwei Kenzan in einem oder in mehreren Gefäßen. Die Abbildung zeigt ein Winter-Ikebana, in einer schmalen, länglichen Keramik auf zwei Positionen arrangiert, trotzdem verhältnismäßig dicht beieinanderstehend, so daß die Wasserfläche nicht mehr zu sehen ist. Shin und Soe aus kahlen Apfelzweigen, die nur noch wenige Früchte tragen, sind sehr eng zusammengestellt und korrespondieren mit Hikae (dem längsten Kiefernzweig) auf dem zweiten Kenzan. Das Rostrot der Äpfel wiederholt sich in den Chrysanthemenblüten und vermittelt in der kalten Jahreszeit die Wirkung von Wärme.

**Material:** Johannisbeere, Hyazinthen, Bergenienblätter
Erinnern Sie sich an die Variation 4 aufrecht, die nur aus zwei Hauptlinien besteht! Im vorliegenden Beispiel sind diese beiden Hauptlinien getrennt (gemäß Variation 5) aber in zwei Gefäßen angeordnet, wie wir es bis jetzt nur

von der Variation 8 kennen. Die Gefäße können nach Bedarf dicht zusammen oder weit auseinander stehen; durch den dazwischen liegenden Raum wird es möglich, die Anordnung auch bei Verwendung von verhältnismäßig kleinen Schalen großzügig zu arbeiten.
Der sehr dominierende Shin steht mit wenigen Hilfslinien im hinteren Gefäß. Der Hikae in der vorderen Schale ist gemäß der natürlichen Wuchsrichtung der Hyazinthen aufrecht arrangiert. Die Verbindung zwischen beiden Gruppen stellen die Bergenienblätter her sowie Habitus und Farbe der Johannisbeerblüten, die sich in den Hyazinthen wiederholen.

**Material:** Liatris, Schneebeere
Auf den ersten Blick könnte man meinen, die Variation 8 in sehr vertikaler Anordnung vor sich zu haben. Decken Sie jeweils eine Seite mit einem Blatt Papier ab, und Sie werden feststellen, daß jede Gruppe für sich langweilig und unvollständig wirkt. Es handelt sich hier um die Variation 5, jedoch wieder in zwei Gefäßen gearbeitet. Die hintere Gruppe besteht aus Shin und Hikae; Soe ist einzeln in der vorderen Schale positioniert. – Die streng vertikal wachsende Liatris, ihrem natürlichen Wuchs entsprechend arrangiert, wird aufgelockert durch Schneebeerenzweige, die unter dem Gewicht ihrer Früchte aus der Anordnung herausschwingen. Sie stellen auch die farbliche Verbindung zu den Gefäßen her, deren hinteres auf erhöhtem Untergrund steht.

**Material:** Spirea, Iris, Tulpen, Ginster, Salal
Wie schon ausgeführt, wird die Variation 8 üblicherweise in zwei Gefäßen gearbeitet. Im folgenden Beispiel stehen zwei komplette Arrangements (nach ‚Variation 1 aufrecht' und ‚Variation 2 geneigt') in einem länglichen Gefäß. Die Zweige und Blumen sind jedoch flacher, also mit weniger Raumtiefe, gearbeitet, so daß die Anordnung bildhafter wird. Die sich kreuzenden Linien und die Wiederholung von drei der fünf Materialien in beiden Gruppen schaffen eine optische Einheit. Lediglich Hikae mit seinen Jushi sind in der linken Gruppe aus Tulpen, in der rechten aus Iris gestellt. Die Farbgebung von Weiß über Hellgelb bis zum kräftigen Gelb in den Tulpen, das sich punktuell in den Iris wiederholt, verbunden mit noch frischem Grün, fängt sehr schön die Frühjahrsstimmung ein. Das kräftige Blau der Iris setzt farblich einen Kontrapunkt. – Bei Arrangements mit vielen verschiedenen Materialien darf das farbintensivste nicht so im Vordergrund stehen, daß es die Harmonie der Komposition stört, vielmehr soll es als integrierter Bestandteil eines Ganzen wirken.

## Mit unkonventionellem Gefäß

**Material:** Besenginster, Narzisse, Statice, Wacholder, Steine

Der als „Gefäß“ dienende Schiefer hat natürlich keinen praktischen Nutzen im Hinblick auf die Wasserversorgung; diese wird ermöglicht durch ein kleines Gefäß, das hinter den Steinen verborgen steht. Der Schiefer besitzt aber einen ausgeprägten gestalterischen Wirkungsgrad, wie sich bei der Besprechung der Arbeit zeigen wird. Das Erscheinungsbild des Arrangements ist bestimmt durch den längsten Ginsterzweig, der während des Wachstums abgeknickt wurde, an den Bruchstellen verholzt ist und so eine materialfremde Form angenommen hat; er erinnert an ein abgeflachtes Bergmassiv. Ein zweiter Ginsterzweig verstärkt die horizontale Mitte. Ihm folgen mehrere Staticenzweige; die Statice läuft durch den unteren Bereich des Arrangements bis zur linken Seite. Sie könnte Nebel darstellen. Die vielblütigen weißen Narzissen versinnbildlichen Schnee. Blaugrün schimmernder Wacholder gibt dem Arrangement in der unteren Hälfte Dichte. Am Fuß des „Bergmassivs“ liegt „Geröll“; die Steine mit ihrem blaugrauen Schimmer stellen die farbliche Verbindung des Arrangements (in der Statice) mit dem als wichtige Gestaltungskomponente dienenden Schiefer her.

Steine können in Ausnahmefällen auch in Schalen zum Abdecken des Kenzan benutzt werden, wenn dies der Gesamtwirkung des Ikebana bekommt. Wichtig dabei ist aber, daß auch die Steine „arrangiert“ werden, damit sie sich in das Gesamtkonzept einfügen und nicht wie Verlegenheitslösungen wirken. – Steine sehen oft erst im Wasser lebhaft aus; ihre Farben und Zeichnungen werden durch Feuchtigkeit akzentuiert. Will man Steine trocken arrangieren und trotzdem den entsprechenden Effekt erreichen, kann man sie mit einem (maschinen-)ölgetränkten Lappen abreiben.

**Material:** Digitalis, Wurmfarn
Die bizarren Löcher der großen Baumscheibe entstanden durch Fäulnis. Um den weiteren Zerfall zu verhindern, wurde das Holz auf der Rückseite mit gut eindringendem Lack bestrichen und so stabilisiert. Dadurch ist es geeignet, anstelle eines herkömmlichen Gefäßes die Basis für das Ikebana zu schaffen, wobei sich die Ebene verändert. Zwei kleine Hülsen sind ebenfalls hinten eingelassen; ein dicker Kupferdraht, zu einem U gebogen, steckt mit seinen Enden in diesen Hülsen und dient als rückwärtige Stütze. Die Wasserversorgung erfolgt durch eine schmale Schale, die hinter dem Holz verborgen steht.

Die naturnahe Wirkung des Holzes ist aufgenommen durch die Verwendung von typischen Pflanzen des Waldes. Sie sind fixiert auf einem Kenzan in der rückwärtig untergebrachten Schale. Die Blüten korrespondieren miteinander; Farnblätter unterstützen und begleiten sie. Blüten und Blätter sind so arrangiert, daß die Anordnung trotz des sehr breiten Holzes schlank und zierlich wirkt und daß ein großer Teil der Löcher sichtbar bleibt.

## Mit trockenen Hölzern

**Material:** Goldrute, Kiefernhölzer, Rainfarn, Hagebutte
Vielfältige Möglichkeiten bietet die Verarbeitung von getrocknetem floralem Material in Kombination mit frischen Zweigen und Blumen. Das erste Beispiel kombiniert Goldrute (alle drei Hauptlinien) mit zwei fast vollständig entrindeten Kiefernhölzern, die als Jushi eingesetzt sind. Eines folgt dem Shin; es findet im hinteren Bereich auf dem Kenzan und dem Schalenrand festen Stand. Das zweite unterstützt die Komposition unterhalb des Hikae und führt zum hinteren Holz zurück; durch seine interessante Rundung schafft es Freiraum an der Basis, ohne den das Arrangement seine Eleganz verlieren würde. Der Hagebuttenzweig mit seinen orange-roten Früchten setzt den Kontrapunkt zu der in Goldrute, Rainfarn und Schale sehr dominant vertretenen Farbe Gelb. Goldrute gehört zu den gerade und aufrecht wachsenden Pflanzen. Erst bei genauerem Hinsehen stellt man fest, daß auch aufrechter, gerader Wuchs eine schöne und interessante Linienführung zuläßt und daß jeder Zweig und jede Blume gut beobachtet werden müssen, will man ihnen zu ihrer schönsten Gestalt verhelfen.

**Material:** Löwenmäulchen, Treibholz, Feuerlilien, Frauenmantel
Wie wir bei der Erarbeitung der Schulformen gesehen haben, besteht für diese die strikte Regel, daß Shin und Soe stets aus demselben Material arrangiert werden. Von dem Prinzip gehen wir im folgenden Beispiel zum ersten Mal ab: Shin ist durch Löwenmäulchen dargestellt, die das Treibholz – Soe – umspielen; die Feuerlilien symbolisieren Hikae. Für diese Arbeit werden zwei Kenzan (einer hinter dem Treibholz für die Shin-Gruppe, einer vor dem Treibholz für die Hikae-Gruppe) benötigt. Der Frauenmantel als Jushi ist sowohl im hinteren wie im vorderen Bereich arrangiert und stellt die Verbindung zwischen den drei unterschiedlichen Materialien für die drei Hauptlinien her. Die farbliche Abstufung von oben nach unten bis hin zum Gefäß erfolgt von hell nach dunkel.

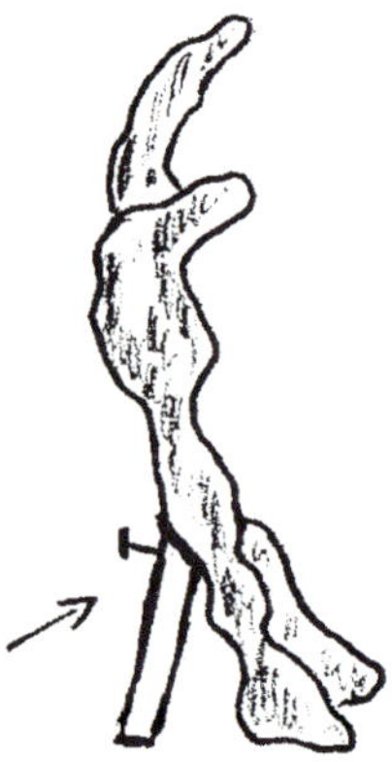

Nicht immer stehen Hölzer und Wurzeln ohne Stütze in der angestrebten Position. In dem Fall kann an der Rückseite ein „Fuß“ angenagelt werden.

**Material:** Wurzel, Hagebutte, Chrysanthemen, Erika, Farn
Auch im folgenden Beispiel ist mit einem trockenen Holz an zentraler Stelle des Arrangements gearbeitet. Die frischen Materialien stehen wiederum auf einem Kenzan dahinter und auf einem Kenzan davor. Das Wurzelstück, das sehr niedrig über die Schale und deren Umgebung schwingt, gibt als Shin dem gesamten Arrangement seinen Impetus vor. Ein Hagebuttenzweig im Hintergrund als Soe folgt ihm in weichen Bewegungen. Schwung und Richtung eines zweiten Hagebuttenzweiges (hinten rechts) bestätigt die Windungen in der Wurzel. In der vorderen Gruppe dominieren als Hikae die kleinblütigen Chrysanthemen, die umspielt werden von Erika und trockenem Farn. Die Materialien der vorderen Gruppe wiederholen sich hinter dem Holz und umgekehrt, um den Eindruck eines Naturausschnittes glaubhaft wiederzugeben. Der Keramikteller mit seinem hellbraunen Rand und der olivenfarbenen Glasur fügt sich farblich in die natürliche Anordnung ein.
Das Beispiel zeigt, daß eine naturnahe Zusammenstellung ohne spektakuläre Materialien auskommt (große Blüten zum Beispiel würden die Harmonie eher stören), daß im übrigen für diese Form Materialvielfalt nicht ungewöhnlich ist.

## Reduzierung auf das Wesentliche

**Material:** Calla
Mit einer einzigen Materialsorte kann ein interessantes, Ruhe ausströmendes Ikebana geschaffen werden. Die Geschlossenheit der Arbeit ist durch die Reduzierung auf eine Pflanzensorte vorgegeben, allerdings birgt diese Reduzierung die Gefahr der Eintönigkeit in sich. Langeweile wird vermieden durch die Stellung der Blätter, die natürlicherweise mit ihren Lichtseiten den Blüten zugewendet sind – im Arrangement jedoch stehen sie mit ihren Schattenseiten zu den Blumen. Je eines begleitet die beiden sich gegenüberstehenden Calla, das dritte vervollständigt die Anordnung und stellt die Verbindung zum Gefäß her.
Die Spitzen der Blätter weisen nach rechts, nach links, nach rechts und führen so immer wieder zur Mitte des Arrangements.

**Material:** Aspidistra, Rose
Die besonders sparsame Verwendung von Material bietet eine weitere Möglichkeit, das Thema „Reduzierung auf das Wesentliche" aufzugreifen. – Ein großes Aspidistra-Blatt ist, wenige Zentimeter über dem Stielansatz beginnend, zu etwa 3/4 entlang der Mittelrippe aufgeschnitten, wobei die Spitze nicht geteilt wird; durch die leicht schräge Anordnung verschieben sich die beiden Hälften gegeneinander. Unterhalb der Rose ist es mit der Fläche auf einem kleinen Kenzan fixiert, sein Stielende findet Halt in einer Gefäßecke. Die Rose steht zwischen den beiden Blatthälften auf dem Kenzan. Ein zweites Blatt befindet sich aufgerollt hinter der Spitze des ersten und findet ebenfalls auf dem Kenzan Halt. Damit es in der gewünschten Form bleibt, wird ein Stückchen grüner Draht wie eine Heftklammer gebogen, an unsichtbarer Stelle durch das Blatt gesteckt und zusammengedrückt. Die Rose, halb verdeckt arrangiert, erweckt Neugierde.

An diesem Arrangement wird ein grundsätzliches Prinzip der lebendigen Kunst des Ikebana deutlich. Der Betrachter ist geneigt, einen Schritt nach rechts zu treten, um die Blüte in ihrer vollen Schönheit bewundern zu können; allein, die Möglichkeit bleibt ihm verwehrt. So stellt die Vertiefung in ein Ikebana immer ein aktives Wahrnehmen dar.

## Basislinien

**Material:** Eiche, Rosen
Nicht immer ist es sinnvoll, die Basis eines Arrangements zu kaschieren, also den Austritt der Linien aus dem Gefäß zu verdecken. Das Beispiel zeigt, wie die kraftvollen Linien an der Basis Aufmerksamkeit erzielen und die Spannung bis zum oberen Teil der Anordnung wirkt. Wollte man den unteren Bereich mit Blättern ausarbeiten, verlöre das Ikebana seine spezifische Ausstrahlung.
Die Eichenzweige sind gegen ihren natürlichen – horizontalen – Wuchs arrangiert, wodurch die wie Perlenschnüre aussehenden Blütenkätzchen auseinanderspringen. Die Eiche, eigentlich Sinnbild für Stärke, bekommt dadurch ein anmutiges Erscheinungsbild.

## Gerade Linien

Die Ausdrucksmöglichkeiten im Ikebana durch die Ausnutzung der Linien, wie sie uns Naturmaterialien vorgeben, sind vielfältig. Die gerade Linie als Gestaltungsprinzip kann streng – statisch – wirken; durch bewegte Anordnung kann von ihr Lebhaftigkeit ausgehen. Eine gerade Linie kann einzeln oder in dichten Gruppen arrangiert werden und wird so sehr unterschiedliche Wirkungen erzielen. Durch Abknicken kann eine Richtungsänderung wiederum zu neuem Ausdruck führen. Mit geraden Linien ist eine kühne Bewegung in den Raum möglich.

**Material:** Binsen, Lilien
Die gerade wachsenden Binsen enden an den Spitzen oft in einem leichten Schwung, der die Anordnung gestört hätte; deshalb sind sie entfernt worden. Im Zentrum stehen zwei Stiele fast parallel nebeneinander. Alle übrigen Binsen sind zu stumpfen und spitzen Winkeln geknickt und kreuzen die Mitte. Die unterste Binse stellt zusammen mit den Blüten die Verbindung zum Gefäß her. Durch die Linienführung der einzelnen Binsen zur Mitte hin weist das Arrangement nach den Seiten Begrenzungen auf; die Bewegung in den Raum erfolgt nach oben.

**Material:** Wilde Möhre (schwarz angesprüht), Schleierkraut, Amaryllis
Die Abstraktion des folgenden Beispiels resultiert aus der graphischen Anordnung der Wilden Möhre; sie gipfelt in der rechtwinklig abgeknickten Linie. (Während frische Stiele sich ohne Probleme knicken lassen, muß bei trockenen besonders vorsichtig vorgegangen werden; da ihnen die Spannkraft fehlt, brechen sie leicht ab oder kippen in eine ungewollte Stellung. Bei hohlen Stielen kann man sich durch einen Draht helfen, der hineingeführt wird und Stabilität verleiht.) Die Veränderung der Farbe unterstreicht noch die Konzeption der Arbeit; die Wirkung der schwarzen Linien im Arrangement wird verstärkt durch die schmalen schwarzen Füße des Eisengefäßes. Ein wenig Schleierkraut mildert die Strenge. Nur eine einzelne Amaryllisblüte bringt Farbe in das Ikebana.

**Material:** Mitsumata, Korbmarante, Calla
Die gebleichten und gefärbten Mitsumata gehören nicht zu den einheimischen Pflanzen, können aber im Floristenhandel erworben werden. – Viele gerade Linien sind zu zwei farblich streng getrennten Gruppen gestellt; trotz des linearen Materials entsteht Fülle. Eine kräftige Linie ist schräg und gegen die Wuchsrichtung zwischen die Verästelungen gearbeitet und verbindet beide Gruppen miteinander. Das Beispiel zeigt somit eine der weitreichenden Möglichkeiten der Gestaltung bei der Verwendung getrockneter Materialien, die leichter als frische Zweige und auf Wasserversorgung nicht mehr angewiesen sind. – Die farblich gegenläufig arrangierten Blüten verleihen der Anordnung ihren besonderen Reiz. Der Titel dieses Ikebana könnte „Dialog" lauten.
Die Stiele der Korbmarante sind relativ kurz. Die am höchsten arrangierte Blume steckt deshalb in einem Orchideenröhrchen; mit Hilfe eines Zweigfußes bekommt sie die notwendige Länge. Die Blätter folgen in ihrer Anordnung dem ungleichseitigen Dreieck.

**Material:** Bastardstrandhafer, Ahornblätter, Paprika, Zitrone

Stiele des Bastardstrandhafers (es können beliebige andere Gräser- oder Getreidestiele verwendet werden) sind in großer Zahl gebündelt, am dicken Ende mit Bast umwickelt und gerade abgeschnitten. Das längste sowie das kürzeste Bündel stehen kopfüber in der Schale, das mittlere ist in Gegenrichtung schräg dazwischengeschoben und verhakt, wobei es am Gefäßrand weiteren Halt findet. Durch das Ineinanderstecken konnte der Eindruck einer Drehbewegung erreicht werden, die optisch von der Rundung des Gefäßes unterstützt wird.

Drei trockene Ahornblätter hängen mit ihren Blattstielen zwischen den Halmen fest. Sowohl die Halmbündel als auch die Blätter bilden in ihrer Gesamtheit ein ungleichseitiges Dreieck. Die Früchte an der Basis geben der Anordnung einen überraschenden Effekt, nicht zuletzt durch die Farben, die auf den Betrachter zunächst herausfordernd wirken müssen. Dasselbe gilt für das Weiß des Gefäßes, das sich lediglich im Bastband wiederholt. Die Arbeit weist etliche Komponenten des freien Stils auf: Neben dem Aspekt „gerade Linien“ wird durch die Behandlung des Pflanzenmaterials sein Wesen stark verändert und abstrahiert. Es steht ohne Kenzan im Gefäß, so daß der Raum der Schale ohne Eingrenzung durch Haltetechnik genutzt werden kann (die Notwendigkeit, einen oder mehrere Kenzan abzudecken, würde Einschränkungen auferlegen). Wasser wird nicht benötigt, da keine frischen Zweige und Blumen Verwendung finden.

## Geschwungene Linien

Biegungen im Pflanzenmaterial können von der Natur vorgegeben sein oder durch den Gestalter geschaffen werden. Geschwungene Linien erzielen bewegte Dynamik in den Raum oder aber Geschlossenheit im Arrangement, wenn sie wieder zum Ausgangspunkt zurückweisen. Die Wirkung kann durch ein eckiges Gefäß gemildert, durch ein rundes Gefäß gesteigert werden.

**Material:** Kopfweide, Funkienblätter, Tagetes
Die von Natur aus gerade gewachsenen Ruten der Kopfweide können problemlos in fast jede gewünschte Form gebogen werden. Drei Ruten weisen mit den Spitzen zum Himmel, zwei bilden einen offenen Kreis im unteren Drittel, wobei immer wieder Kreuzungspunkte entstehen. Blätter und Blüten ordnen sich im Rhythmus dem Thema „geschwungene Linien" unter. Sie sind sehr niedrig arrangiert, so daß sie die raumgreifenden Linien nicht stören; es geht von der Anordnung Großzügigkeit aus.
Die morbiden Blätter mit kleinen Löchern, gelben Flekken und braunen Kanten sind ein gutes Beispiel, daß im Ikebana das Werden und Vergehen zum Ausdruck gebracht werden können, daß der Wert nicht von jungfräulicher Schönheit abhängig ist, sondern auch in der Vergänglichkeit Ausstrahlung sein kann.
Andere geeignete Materialien für die im Bildbeispiel gezeigte Form sind z.B. Weidenkätzchenzweige im Frühjahr oder glatte Cornuszweige. Suchen Sie weitere Möglichkeiten, geschwungene Linien zusammenzustellen!

**Material:** Waldrebe, Feuerdorn, Sonnenblumen
Einige Übung erfordert die Verarbeitung der Waldrebe. Mehrere Ruten, die im Kenzan Halt finden, schwingen über dem Gefäß und umspielen es, wobei eine Seite dichter ausgearbeitet ist, die andere mehr Freiraum behält. Folgt man mit den Augen den Linien, führen sie immer wieder zum Ausgangspunkt zurück. Die Bewegung bricht an keiner Stelle aus dem geschlossenen System aus. Die eigentlich starren Feuerdornzweige sind so ausgeschnitten und zusammengestellt, daß die kräftigen roten Beeren den geschwungenen Linien folgen. Auch die Sonnenblumen fügen sich in der Menge dem Konzept geschwungener Linienführung ein.
Ein weiterer Blickpunkt des freien Arbeitens ist in der Anordnung ansatzweise gezeigt: die Einbeziehung des umgebenden Raumes. Der Reichtum des Herbstes in überquellender Fülle wird durch das Arrangieren von Früchten auch noch vor dem Gefäß zum Ausdruck gebracht.
Das Ikebana hat erzählenden Charakter. Die Waldrebe zusammen mit der Keramik vermittelt den Eindruck eines voll beladenen Erntewagens – in Verbindung mit den früchtetragenden Zweigen und Blumen ein Arrangement zum Erntedankfest.
Die Waldrebe wird mit der Zeit spröde; durch einige Stunden im Wasser kann sie aber wieder etwas Elastizität bekommen. – Die Stiele der Sonnenblumen werden zur besseren Haltbarkeit der Blüte nach dem Schnitt für kurze Zeit (bis 10 zählen!) in fast kochendes Wasser gestellt. Vorsicht! Die Blütenköpfe dürfen keinesfalls mit dem Wasserdampf in Berührung kommen; man wickelt sie daher vor der Prozedur in feuchtes Papier.

## Gerade und geschwungene Linien

Bei der Kombination von geraden und geschwungenen Linien sollten die jeweiligen Charakteristika herausgearbeitet sein. Hilfreich dabei ist, wenn durch die eingesetzten Materialien eine eindeutige Stellung bezogen werden kann, also eine klare Akzentuierung der Linie in den verwendeten Pflanzen vorgegeben ist. Ausdrucksstarke Ergebnisse werden möglich.

**Material:** Strelitzienstiele, Forsythie
Die Stiele der Strelitzie sind in zwei unterschiedlich starken Gruppen zusammengestellt, jedes Stielstück von einer anderen Länge. Durch die dichten Gruppierungen geht von ihnen zunächst Dominanz, Kraft und Solidität aus. Die Strenge der Anordnung wird gelöst durch geschwungene Forsythienzweige, die sich spielerisch zwischen den beiden Gruppen bewegen, zum Teil davor, zum Teil dahinter schwingen und sich kreuzen. – Die Stielstücke könnte man als Skyline einer Großstadt betrachten, die Blüten der Forsythienzweige symbolisieren dann den Sternenhimmel.

**Material:** Weidenkätzchenzweige, Neuseelandflachs
Die Materialzusammenstellung wirkt eher fremd und wäre für ein naturnahes Ikebana undenkbar. – Der gerade wachsende Neuseelandflachs mit seiner schönen gelben Linienzeichnung ist in zwei Gruppen angeordnet. Die Blätter sind zum großen Teil längs aufgeschnitten, jeweils zwei Hälften bilden eine Einheit; die seitliche gelbe Zeichnung befindet sich stets im Außenbereich dieser Einheit. Die Spitzen sind betont schräg abgeschnitten, womit der naturfremde Charakter der Anordnung noch unterstrichen wird. Zwei Blätter – sie sind ohne Wasserversorgung – verbinden in der Waagerechten die beiden Gruppen miteinander (Neuseelandflachs hält auch ohne Wasser etliche Tage). Die Gerade ist in diesem Arrangement also in der vertikalen und in der horizontalen Ebene betont herausgearbeitet.

Die geschwungenen Weidenkätzchenzweige gehen lediglich von einer – der höheren – Gruppe aus (wodurch die Asymmetrie hervorgehoben wird), beziehen aber die zweite Blattgruppe durch ihre ungezwungene Bewegung mit ein. Ihre natürlichen Krümmungen sind durch die Hand des Gestalters noch stärker herausgearbeitet. Das Weidenholz läßt sich bereitwillig biegen, allerdings können die Kätzchen leicht abfallen, so daß einige Sorgfalt geboten ist.

## Masse

Eine ganz andere Wertigkeit als von der Linie, die zumeist Transparenz und Weiträumigkeit im Arrangement zuläßt, geht von dem Element Masse aus. Masse kann erzielt werden durch die Verarbeitung solcher Pflanzen, die in sich diese Komponente bereits aufweisen – z.B. ein flächiges Blatt –, oder durch Massierung von Materialien, also durch das Häufen vieler Zweige, Blätter oder Blumen zu einer Einheit. Masse kann auch aus mehreren verschiedenen Pflanzensorten zusammengefügt werden und so eine überraschende Struktur und farbige Lebhaftigkeit bekommen. – Masse im Ikebana schafft Volumen und Fülle. Sie kann einziger Aspekt eines Arrangements sein oder auch mit Linien kombiniert werden, die der Anordnung die Gewichtigkeit nehmen, die von der Komponente Masse ausgeht.

**Material:** Baumschwämme, Bergenienblätter, Bartnelken

Zwei der drei verwendeten Materialien – Baumschwämme und Bergenienblätter – weisen in jedem einzelnen Teil bereits das Element Masse auf. Sie sind frontal zum Betrachter arrangiert. Die Wirkung des Ikebana ist daher sehr flächig, fast wie eine Collage. Interessant wird die Arbeit durch die Staffelungen und Überlappungen der Baumschwämme und der Blätter. Bedeutsam für die Gesamtwirkung sind die Freiräume zwischen den beiden Gruppen. Die Blumen laufen durch die Anordnung wie Bänder, denen das Auge folgen kann.

Die Baumschwämme sind mit einem Holzfuß ausgestattet; die Verbindung schafft ein doppelseitiger Nagel. Dieser hat an beiden Enden Spitzen und muß mit einer dafür vorgesehenen Hülse eingeschlagen werden. Die Baumschwämme schaffen die farbliche und strukturelle Verbindung zur Keramik.

**Material:** Gefärbte Holzstäbe, Tanne, Lilien, Chrysanthemen
Für das vorige Beispiel wurden die Materialien in wachstumsgemäßer Gestalt verwendet. Die ursprüngliche Kontur von Pflanzen kann aber auch in eine andere, eine neue Form gebracht werden – eine weitere Dimension des kreativen Ikebana. Tanne, Fichte und Eibe beispielsweise wachsen dicht und flächig. Im vorliegenden Beispiel sind Tannenzweige zu drei verschieden großen Dreiecken geschnitten und leicht versetzt voreinandergestellt. Ein Bündel von Holzstäben steht fast senkrecht dazwischen, einige sind abgeknickt und wiederholen die Spitzen der Dreiecke. Das Arrangement weist so neben dem Bestandteil der Masse auch das der Linie auf. Zudem ist mit den gefärbten Holzstäben Material verwendet, dessen Rohstoff zwar aus der Natur kommt, das aber durch Bearbeitung ein völlig verändertes Erscheinungsbild bietet.
Das Rot der Hölzer ist identisch mit dem Rot in den Lilien und schafft so einen farblichen Bezug. Die kleinen weißen Chrysanthemen sind in lockerem Rhythmus arrangiert und symbolisieren Schneeflocken. – Das Ikebana ist in den Farben Weiß, Rot und Grün gehalten, die glückbringenden Farben zum japanischen Neujahrsfest, zugleich die traditionellen Farben unseres Weihnachtsfestes.

**Material:** Schefflera, Rinde, Nelken
Das Ikebana zeigt das Element der Masse in zwei sehr unterschiedlichen Erscheinungsbildern: Zum einen sind die Nelken als Masse zusammengestellt. Zum anderen weist die Rinde dieses Merkmal auf (durch ihre Flächigkeit), daneben aber auch das Element von Linie (durch ihre scharfen Konturen).
Das Arrangement verfügt über sehr viel Bewegung: Schräg von rechts nach links schwingt ein einzelner Zweig der Schefflera. In gegenläufiger Bewegung ist die Rinde arrangiert; ihrem Lauf folgen die als Masse gestellten Nelken, die links unten beginnen und hinter der Rinde in einem Bogen zur Schefflera enden. An der Basis schließlich sind Knospen der Nelken zusammengestellt als Fortführung des Stieles der Schefflera. Alle diese Bewegungen werden bestätigt von der unregelmäßigen Gefäßkante der Keramik.

Die Rinde scheint über der Schale und den Blumen zu schweben. Sie wird von einem kräftigen Zweigstück in Position gehalten, das zum Einstellen auf dem Kenzan unten schräg angeschnitten ist. Die obere Hälfte ist gespalten; in diesen Spalt kann die Rinde geklemmt werden. Damit das Zweigstück nicht auseinanderbricht, wird es vor der Verwendung unterhalb des Spaltes mit Blumendraht mehrere Male fest umwickelt. Die Drahtenden müssen abschließend mit einer Zange verdrillt werden.

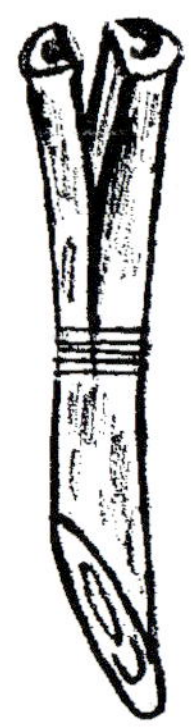

– Dieselbe Technik wird angewendet, wenn Rinde wie ein Zweig auf dem Kenzan fixiert werden muß. Da sie mit der Zeit aufweicht, hätte sie auf die Dauer ohne diese Unterstützung keinen ausreichenden Stand.

## Betonung der Fläche

Fläche kann beschränkt sein auf das verwendete Gefäß, Fläche kann durch eine Unterlage (z. B. ein Set) geschaffen werden. Fläche kann aber auch, wie wir beim Shikibana gesehen haben, ohne irgendeine räumliche Einschränkung eingesetzt werden. Ein wichtiger Bestandteil der Fläche in Gefäßen ist das lebenserhaltende Element Wasser, für die Japaner – man denke an ihre Insellage – stets von besonderer Präsenz.

**Material:** Bambusknöterich, Lilien, Steine
Vorbild für dieses Arrangement ist die Variation 7 (Ukibana). Ein großes Tablett (37 cm Ø) mit geradem Rand ist durch mehrere Stielgruppen des Bambusknöterichs in Sequenzen geteilt. Die beiden längsten Stiele sind im Gefäß eingeklemmt; die nach vorn und nach hinten verlaufenden Gruppen sind so zwischen Schalenrand und Stielen eingekeilt, daß die Arbeit Stabilität bekommt und nicht wegrutschen kann. Alle weiteren Linien dienen der optischen Ausgewogenheit. Dabei ist darauf zu achten, daß die Knoten in den Stielen des Bambusknöterichs versetzt arrangiert werden.

Die Lilien stehen sehr niedrig und schräg arrangiert auf einem Kenzan. Zwei Felder sind durch das Auffüllen mit weißen Steinen farblich von der Schale stark abgesetzt, die übrigen lassen das Wasser mit seiner erfrischenden Atmosphäre wirken. Das Rot der Blüten findet sich wieder in den Knoten und Flecken des Knöterichs, ihr Weiß wiederholt sich in den Steinen.

**Material:** Cotoneaster (weiß gestrichen), Palmblätter, Gerbera
Das Gestaltungselement Wasser ist durch eine große, zusammenhängende, von Pflanzenmaterial freibleibende Fläche dargestellt. Alle Linien des Arrangements gehen von einem Punkt aus, so daß die Wasserfläche reichlich freien Raum einnimmt. Durch die insgesamt sehr niedrige Anordnung wird der Blick darauf hingelenkt und konzentriert.

Der sehr flache Teller läßt die Verwendung eines Kenzan nicht zu. Die bizarren, geweißten Zweige sind ineinander verzahnt und liegen an mehreren Stellen auf dem Lackteller auf. In die Kreuzungspunkte der Zweige sind die Blätter und Blumen so eingehängt, daß sie nicht flach auf dem Geäst liegen und das Arrangement trotz der flächigen Anordnung Leichtigkeit und Grazie bekommt. Zweige und Blätter schwingen teilweise über den Teller hinaus und schaffen Großzügigkeit in den Raum.

Die Palmblätter sind an sämtlichen Blatteilen unregelmäßig gekürzt und spitz angeschnitten. Die Gerbera steht nicht gern in tiefem Wasser (sie verdirbt dann schnell), so daß ihr der seichte Wasserstand entgegenkommt.

Für die frischen Materialien ist wichtig, daß sie nicht durch Kopflastigkeit Übergewicht bekommen; der Stiel könnte sonst unbemerkt aus der sehr niedrigen Wasserfläche herausgehoben werden (Gewährleistung der Wasserversorgung!). Ein Gefühl für richtige Statik ist also notwendig, ehe man sich an solche Arbeit wagen kann.

## Ohne Kenzan in der Schale

**Material:** Holunder, Flieder
Wie vorhergehende Beispiele bereits gezeigt haben, kann ein Ikebana auch ohne Kenzan gestaltet werden, wenn man entsprechende Techniken anwendet. Der Kenzan bedeutet stets eine Einengung, insoweit von einem bestimmten Ausgangspunkt gearbeitet werden muß. Zudem kann das notwendige Abdecken dieses Hilfsmittels den Charakter der Arbeit verändern und sich nachteilig auf das gewünschte Ergebnis auswirken. Ohne die Notwendigkeit des Abdeckens aber kann die Wasserfläche weitestgehend frei bleiben und besonders betont werden.
Zwei trockene, verzweigte Holunderäste stehen kopfüber in der Schale; ein dritter verbindet beide im oberen Bereich durch seine Vergabelungen wie eine Klammer, so daß der ganze Aufbau Stabilität bekommt. (Für die Standfestigkeit ist wichtig, daß solche Konstruktionen über mindestens drei „Füße" verfügen.) Die Schalenränder sorgen dafür, daß die Äste an der Basis nicht auseinanderrutschen können. Zwei frische Fliederzweige schaffen Kontrast zu dem trockenen Material. Sie stehen mit ihren Aststücken im Wasser; einer ist leicht gebogen und von Schalenrand zu Schalenrand eingeklemmt. Durch die Biegung bekommt er Spannung und hält sich so selbst im Gleichgewicht. Sein kräftig belaubter Trieb folgt den trockenen Ästen bis fast zur Spitze. Ein zweiter Fliederzweig hängt mit einem Aststück zwischen den Vergabelungen am Fuße der Anordnung, sein dünner Seitentrieb schwingt raumgreifend aus dem Gefäß.
Der Charakter eines solchen Ikebana wird ganz wesentlich von der Notwendigkeit der statischen Ausgewogenheit bestimmt. Es ist also leicht möglich, daß die ursprüngliche Absicht des Gestalters ganz beträchtliche Veränderungen erfahren hat, bis das Arrangement fertiggestellt ist. Versuchen Sie niemals, ein Konzept im Ergebnis zu erzwingen; lassen Sie ruhig Spontanität zu!
Das Beispiel zeigt im übrigen, daß ein Ikebana nur durch interessante Linienführung wirken und auch ohne Blumen auskommen kann.

## Getrocknete Materialien

Wie wir in vorangegangenen Lektionen bereits gesehen haben, üben pflanzliche Materialien, die vertrocknet sind, einen ganz besonderen Reiz aus. Sie weisen oft neue und interessante Strukturen auf und können außerdem durch Farbe verändert werden. Da sie von der Wasserversorgung unabhängig sind, bieten sie auch ungewöhnliche Verwendungsmöglichkeiten. Ein völlig neuer Blickwinkel ergibt sich, wenn solches Material herumgedreht und auf den Kopf gestellt wird (siehe auch das letzte Bildbeispiel). Es kann im Gefäß, ohne Gefäß oder auch unter Einbeziehung der Umgebung arrangiert werden. Frische Pflanzen und Blumen werden durch die Verbindung mit trockenen Materialien in ihrer Lebendigkeit unterstrichen.

**Material:** Bananenblatt, gefärbter Farn, Lilien
Das Bananenblatt weist Risse und Verkrümmungen auf, die nur durch seinen Trocknungsprozeß entstehen konnten und ihm besonders interessante Strukturen verleihen. Sie lassen es trotz seiner Breite im unteren Drittel nicht langweilig erscheinen. Die Dominanz des Blattes wird unterstrichen durch den lila gefärbten Farn, der hinter ihm filigran herausschwingt und an der Basis unter Einbeziehung der Umgebung aus dem Gefäß läuft. Einziges frisches Material sind die Lilien, deren rosa Farbe in Verbindung mit dem Lila des Farns eine wunderschöne Farbkomposition ergibt. Die surrealistische Wirkung des Ikebana wird unterstützt durch das Fehlen jeglichen Grüns. Das Bananenblatt – sein Stielansatz zeigt nach oben – liegt auf dem Tellerrand so auf, daß es nicht mit dem Wasser in der Tellervertiefung in Berührung kommt; es würde sofort aufweichen und jegliche Stabilität verlieren. Ein langes Holz, das auf dem Kenzan fixiert ist, stützt das Blatt im oberen Bereich, da es aus eigener Kraft keinen Stand hätte.
Dieses Ikebana stellt übrigens auch ein Beispiel dar für das Kapitel ‚Masse' (wie schon ausgeführt, kann der Bestandteil Masse aus einer einzigen Einheit bestehen; das trockene Bananenblatt schafft Masse) sowie das später folgende Kapitel ‚Einbeziehung des umgebenden Raumes'.

**Material:** Cotoneaster (weiß gestrichen), Ilex, Anthurie, Efeu
Die weiß gestrichenen bizarren Zweige sind uns schon einmal begegnet, trockene Materialien lassen sich immer wieder und in immer neuen Zusammenstellungen verarbeiten. Je nach Struktur des trockenen Materials kann es durch Ansprühen, Anstreichen oder Tauchen gefärbt werden.

Die Zweige schwingen raumgreifend kreuzweise über die beiden Pokale und verbinden diese optisch miteinander. Die Dynamik der Anordnung darf nicht unter dem Problem der Fixierung leiden. Der hintere Zweig wird an zwei Punkten an seinem Platz gehalten: Zum einen steht ein kleines weißes Zweigstück im Kenzan und ragt durch eine Gabelung des Zweiges hindurch. Zum anderen reicht ein Seitentrieb in das Gefäß hinein, hängt dort an der Gefäßinnenwand fest und schafft dadurch einen weiteren Haltepunkt. Der Zweig über dem vorderen Pokal ist mit einem Seitentrieb, der entsprechend gekürzt wurde, direkt auf dem Kenzan fixiert. Ob diese oder andere Techniken jeweils die geeignetsten sind, hängt von Material und Gefäß ab.

Das Rot der Beeren im hinteren Pokal wiederholt sich in der Farbe der Anthurie vorn und verleiht der Anordnung durch das farbliche Zusammenspiel mit den dominierenden weißen Zweigen Festlichkeit. Eine einzelne Efeuranke verbindet beide Gefäße miteinander. – Die Großzügigkeit und die spezifische Wirkung des Ikebana wäre nicht möglich bei der Verwendung von ausschließlich frischen Materialien.

## Einbeziehung des umgebenden Raumes

Die Notwendigkeit der Wasserversorgung von frischem Pflanzenmaterial bringt durch die Begrenzung auf das Gefäß Abhängigkeit mit sich. Die Ausweitung des Arrangements auf den umgebenden Raum eines Ikebana, ausgehend von seinem Standort, bedarf neuer Überlegungen und schafft neue Dimensionen. Frische Materialien müssen ihren Ausgangspunkt im Gefäß nehmen; für den Anfang leichter ist die Arbeit unter Verwendung trockener oder haltbarer Materialien. Die drei Komponenten Arrangement, Gefäß und Umfeld sind von gleichrangiger Bedeutung und bedürfen entsprechender Einbeziehung in das Gesamtkonzept.

**Material:** Liguster, Muschelblumen, Vallota
Trockene Ligusterzweige sind – teilweise in Wuchsrichtung, teilweise dagegen – ineinandergesteckt; die kräftigen Aststücke ergeben die Linienführung, der das Auge folgt. Dieses Gerüst steht im wesentlichen neben dem Gefäß, das integriert wird durch die Rundung der Hölzer im unteren Drittel sowie durch dürre Zweige, die das Gefäß umspielen und teilweise hineinweisen. Die Kraft der Konstruktion wird durch einen im Gefäß stehenden Ast aufgenommen, der im oberen Bereich mit der Gruppe verbunden ist.
Die Muschelblumen laufen mit den Zweigen fast bis zur Spitze (die oberste wird durch ein Orchideenröhrchen mit Wasser versorgt). Sehr beschützt wirken die dicht über der Basis arrangierten leuchtendroten Blüten. (Gerade im Winter ist die Farbe Rot durch ihre Wärme besonders geschätzt, während im Sommer auch gern zu erfrischenden kühlen Farben gegriffen wird.)

**Material:** Hainbuche, Erika, Guzmania
Während die vorher besprochene Arbeit in ihrem Verlauf vertikal ausgerichtet ist, die Einbeziehung des umgebenden Raumes sich folglich auf die Nähe des Gefäßes beschränkt, läßt das nächste Beispiel eine horizontale Tendenz erkennen, die Anordnung außerhalb des Gefäßes wird weitläufiger.
Bizarre, trockene Hainbuchenzweige sind, zum großen Teil gegen den Wuchs, ohne Kenzan arrangiert. Sie verlaufen vom linken Schalenrand bis weit über die rechte Gefäßkante hinaus, wo die Schönheit der Zweige ganz besonders zur Geltung kommt. Zwischen die Äste und Zweige ist weiße Erika eingefügt. Da sie in diesem Stadium mit und ohne Wasser vertrocknet und dabei ihr Aussehen kaum verändert, kann sie ohne Wasserversorgung auskommen. Die Erika vermittelt den Eindruck von Eiskristallen; verstärkt wird diese Wirkung noch durch die davorliegenden kleinen Blüten. Das Rot der etwas versteckt arrangierten Guzmania versinnbildlicht Kraft, Wärme und Licht sowie Hoffnung und Neubeginn.
Da die Guzmania schlecht auf dem Kenzan steht, ist dem Stielstück mit Hilfe von Blumenband ein Hölzchen als Standhilfe beigefügt.

**Material:** Buche, Eibe, Narzissen
Eine vom Gefäß völlig unabhängige Holzplastik aus Buchenzweigen steht frei im Raum, bildet aber trotzdem durch Form und Farbe des Gefäßes mit diesem eine Einheit. Sie ist kühn ausgeführt; durch die Geschlossenheit der Gruppierung in der Schale kommt ihre kraftvolle Linienführung in besonderer Weise zur Geltung. (Das Ikebana weist also die Gestaltungselemente ‚Masse' und ‚Linie' auf, die hier nun getrennt voneinander arrangiert sind.)
Ehe man die Holzplastik arbeiten kann, sollte ein Konzept hinsichtlich des Zieles der Arbeit bestehen. Verschiedene technische und ästhetische Bedingungen sind bei der Ausführung zu beachten. Aus Gründen der Standfestigkeit sind drei Füße erforderlich, die aber keinesfalls in gleichmäßigem Abstand voneinander stehen dürfen. Das Beispiel zeigt nicht nur unterschiedliche Winkelgrade am Kreuzungspunkt; das Bein rechts dominiert durch das Querholz an der Basis, das der Linie des Gefäßes folgt und die Masse-Gruppe „unterstreicht".
Jedes Holz muß an mindestens zwei Punkten mit den anderen zusammengefügt sein, sonst könnte man sie gegeneinander bewegen, als seien sie mit einem Gelenk verbunden. Je nach Art des Materials kann genagelt, geschraubt oder gedübelt werden; soweit möglich, soll dies von der Rückseite aus geschehen. Wenn in Ausnahmefällen von der Vorderansicht aus gearbeitet werden muß, kaschiert man die entsprechenden Stellen später mit etwas Rinde. – Nun darf bei dem Aufbau solch einer Plastik die Technik nicht die Ästhetik beherrschen. Ehe man mit der Arbeit beginnt, hält man die Zweige gegeneinander, um abzuwägen, was miteinander harmoniert, welche Linie besonders herausgearbeitet werden soll oder welche Struktur der Rinde beachtenswert ist.
Der frei im Raum stehenden Konstruktion steht das Element Masse gegenüber. Sie kommt durch Zusammenstellung aus mehreren Eibenzweigen zustande. Vom längsten Zweig ausgehend, wird die Gruppe sowohl von vorn als auch von hinten ergänzt, bis sie im unteren Bereich völlig lichtundurchlässig wird. Die einzeln eingefügten Narzissen scheinen gerade aus dem Winterschlaf erwacht zu sein.
Narzissen zählen in Japan zu den klassischen Materialien und gehören dort zu den Blumen des Winters, weil sie bereits im Schnee zu blühen beginnen. – Sie müssen mindestens 24 Stunden nach dem Schnitt allein in einer Vase stehen, denn sie sondern zu dieser Zeit einen Pflanzensaft ab, den viele andere florale Materialien nicht vertragen.

## Ohne Gefäß

Schauen Sie noch einmal das vorhergehende Bildbeispiel an und decken mit einem Stück Papier die Schale und die darin arrangierte Gruppe ab! Sie werden feststellen, daß die Holzkonstruktion allein unvollständig wirkt und daß erst beide Teile des Ikebana gemeinsam eine gelungene Komposition ergeben.
Das Arbeiten aus dem Gefäß in den freien Raum hinein kann nicht nur, wie wir gesehen haben, weitergeführt werden zum Arbeiten frei stehender Skulpturen in Verbindung mit einem Gefäß. Wie die folgende Lektion zeigt, besteht auch die Möglichkeit, ganz auf das Gefäß zu verzichten. Die frei stehende Form wird zum Kompositionsprinzip; die damit verbundenen Schwierigkeiten zu bewältigen, ist das nächste Ziel.

**Material:** Treibhölzer, Waldrebe, Cosmea
Verschiedene kräftige Treibhölzer sind zu einer interessanten Reihenanordnung zusammengesetzt, die dank der Beachtung der notwendigen drei Fußpositionen über einen sicheren Stand verfügt. Bereits als solche wirkt die Holzskulptur ausgewogen. Die Befestigung erfolgt durch Nageln von der Rückseite aus. Der Schwerpunkt liegt relativ weit unten und gibt dem Arrangement Solidität. Rillen und Löcher in den Hölzern gestatten die Unterbringung eines winzigen Behältnisses an unsichtbarer Stelle, ohne die insbesondere die Cosmea nur eine sehr kurze Lebensdauer hätte. Lange Ruten der Waldrebe begleiten die Hölzer; sie sind lose in das Geäst gehängt. Die Blütenstände umspielen sie in unterschiedlicher Massierung: links sparsam, in der Mitte fehlen sie ganz, rechts stehen sie sehr dicht. Wie beschützt schauen die drei Blüten herüber. Nicht zuletzt durch die Lichtführung erinnert das Ikebana an einen in Beschaulichkeit zu Ende gehenden Tag.

## Korrekturen

| | |
|---|---|
| **Seite 12** | Abbildung ist **seitenverkehrt**.<br>Die **längste Linie** ist **abgeschnitten**.<br>Das Arrangement in korrekter Abbildung: →→ |
| **Seiten 15/16** | Die Fotos zum **"zweiten Schritt"** und zum **"sechsten Schritt"** sind **vertauscht**. |
| **Seite 21** | Material:<br>richtig: **Cotoneaster**<br>(falsch: Contoneaster) |
| **Seite 35** | Linke Spalte, zweite Reihe:<br>richtig: Zwei **beliebige** Variationen ...<br>(falsch: Zwei beliebte Variationen ...) |
| **Seite 39** | Abbildung ist **seitenverkehrt**<br>(s. auch Titelfoto). |
| **Seite 64** | Topfreiniger:<br>richtig: (Seite) **60**<br>(falsch: (Seite) 16) |

**Material:** Rinde, Goldrute, Lackteller
Mehrere Rindenstücke sind zu einer Komposition zusammengefügt. Ihr Schwerpunkt liegt im oberen Drittel, wodurch der an sich kräftig wirkenden Rinde zum Trotz der Eindruck von Leichtigkeit aufkommt. In der Rundung des rechten vorderen Fußes steckt ein Orchideenröhrchen, das die Goldrute mit Wasser versorgt. Der links herausschwingende Zweig ist völlig entblättert (Blätter würden die surrealistische Anordnung zu natürlich wirken lassen). Der auberginefarbene Lackteller hat keine Funktion als Gefäß, sondern als ein Element der Komposition. Er unterstreicht das Lila der Rinde und das komplementäre Gelb der Goldrute.
Die lilafarbige Rinde ist mit Wasserfarbe angestrichen. Sie deckt die strukturierte Oberfläche nicht zu; vielmehr bleibt sie an den verschiedenen Stellen unterschiedlich dicht haften, wodurch der Effekt lebhafter wird. – Durch das Anstreichen wird die Rinde durchfeuchtet; in diesem Stadium kann man bequem Löcher hineinbohren, soweit sie zum Drahten oder zum Durchstecken eines Stielstückes benötigt werden. (Bei trockener Rinde – mit der Wölbung nach unten auf ein Frühstücksbrett gelegt – arbeitet man am besten mit Hammer und Nagel.) Nach dem Trocknen werden die Rindenstücke zusammengefügt; das kann mit Hilfe von Draht durch oben beschriebene Löcher erfolgen oder durch Kleben, z. B. mit Heißkleber.

**Material:** Schlehe, Herkulesstaude, Sonnenblumen
Die strukturellen Unterschiede der drei verwendeten Materialien werden genutzt, um die spezifischen Eigenschaften jedes einzelnen zu betonen und der Komposition eine interessante Rhythmik zu verschaffen. Sie steht frei im Raum; Wasserversorgung ist durch die Verwendung ausschließlich trockenen Materials kein zu beachtendes Kriterium. – Die bizarren Schlehenzweige sind in den abgeknickten Stiel der Herkulesstaude eingearbeitet; das Auge folgt vor allem der ruhigen Linie der Staude. Die Sonnenblumenköpfe im Hintergrund schaffen Masse und vereinen in sich die Farben der beiden anderen Materialien.

## Unkonventionelles Material

Überraschende Möglichkeiten bietet die Verarbeitung nonfloralen Materials in Verbindung mit Pflanzen. Die Handhabung dieser neuen Elemente erfordert die unvoreingenommene Bereitschaft, bekannte Dinge neu zu entdecken. Die besonderen Eigenschaften, Strukturen, Verarbeitungsmöglichkeiten müssen abgewogen werden; sie regen gleichzeitig die Phantasie an und ermuntern zu spielerischem Umgang mit den unterschiedlichsten Substanzen. Der Lernende ist aufgefordert, mit Einfallsreichtum und frei von Konventionen zu probieren und zu gestalten. Das Ergebnis werden ausgefallene Arbeiten von unerwarteter Wirkung sein.

**Material:** Trockene Zweige, Topfreiniger, Gloriosa
Ein wesentliches Charakteristikum der vorangegangenen Lektion, das Element der frei stehenden Gestalt, findet sich hier noch einmal wieder. Zwei Zweige mit kräftigem Ansatz und zierlichen Seitentrieben sind so montiert, daß die starken Teile in ihrer Linienführung eine Einheit bilden. Sie sind an der Rückseite aneinandergedrahtet. (Ist es nicht möglich, Drahtstellen zu kaschieren, kann man sie gegebenenfalls bewußt in das Arrangement einbeziehen.)
Die Topfreiniger können nach zwei Seiten auseinandergestülpt werden und wirken dann wie Kelche. In ungleichmäßigem Rhythmus werden sie in die Stellage gehängt, nötigenfalls mit Silberdraht befestigt. Zwei Blüten in skurriler Form ergänzen die Anordnung und schaffen durch ihre warmen Farben den Kontrast zu der kühlen Wirkung des Metalls. Für die Wasserversorgung steckt ein Orchideenröhrchen zwischen den Topfreinigern. Der Teller ist mit etwas Wasser gefüllt, in dem sich die Lichtreflexe wiederholen, die auch dem Metall zu eigen sind. – Topfreiniger können auch auseinandergezupft werden und verändern so völlig ihre Konsistenz. Versuchen Sie, verschiedene Möglichkeiten der Handhabung zu finden!

**Material:** Trockene Äste, Chrysanthemen, Tennisbälle, Stanzgitter
Verschiedene trockene Äste sind verhältnismäßig niedrig und quer über einen großen Keramikteller arrangiert; ihnen folgen dicht über der Wasserfläche viele Chrysanthemen. Die Blumen finden auf mehreren Kenzan Halt. Tennisbälle sind entlang der weißen Markierung auseinandergeschnitten und in das Gezweig eingearbeitet. Sie geben der Anordnung durch ihr kräftiges Gelb Farbe. Das Braun im Inneren der Bälle wiederholt sich in den Blüten und partiell in der Glasur der Keramik. Ein schmales Stanzgitter aus Stahlblech verläuft über die trockenen Hölzer.
Die Zusammenstellung wirkt auf den ersten Blick sicher ungewöhnlich, überraschend, fremd. Probieren Sie, andere nonflorale Materialien in Verbindung mit Blumen zu arrangieren, und lassen Sie ruhig ein wenig Humor zu!

**Material:** Kantholz (geschwärzt), Mitsumata, Hasendraht, Statice, Schleierkraut
Das Arrangement weist Unkonventionalität sowohl im Hinblick auf das Material als auch im Hinblick auf das „Gefäß“ auf. Das geschwärzte Kantholz schafft die Basis. Auf seiner rechten Seite sind Löcher gebohrt, in die die Stiele der Mitsumata genau hineinpassen. Dazu ist es erforderlich, daß die Konstruktion zunächst auf einem Kenzan vorbereitet wird, um die notwendigen Bohrungen richtig anbringen zu können.

Draht steht uns in mannigfaltiger Gestalt zur Verfügung. Je nach Beschaffenheit kann er von Hand oder mit Hilfe von Werkzeug in die gewünschte Form gebracht werden. Metallischer Glanz oder bereits angesetzter Rost tragen zu gegensätzlichen Effekten bei und beeinflussen die Entscheidung, mit welchen pflanzlichen Materialien wirkungsvolle Kombinationen geschaffen werden können.

Aus unterschiedlich dichtem Hasendraht sind drei Elemente wie Umhüllungen geformt und in unregelmäßige Figuren gebracht. Die untere ist mit zwei Krampen am Holz befestigt, die obere hängt an den Mitsumata fest. Die mittlere (sie ist aus engerem Draht gearbeitet) verbindet die beiden anderen miteinander und stützt dadurch den oberen Teil zusätzlich. (Hasendraht läßt sich an seinen Schnittstellen leicht ineinander verhaken und zusammendrücken.)

Die Wölbungen der Drahtelemente fügen sich der Linienführung der Mitsumata gänzlich ein. Durch die Überlappung des unteren Teiles über das Kantholz ist dieses vollständig integriert.

Die Blütenköpfe (sowohl Statice als auch Schleierkraut behalten ihre Schönheit und ihre Farbe noch lange, auch wenn sie trocken sind) müssen vorsichtig durch die Maschenlöcher gesteckt werden. Mit einem langen Draht, am oberen Ende zu einem Haken gebogen, ist die richtige Positionierung möglich.

Ab und an wurden bereits Titelvorschläge gegeben oder Beschreibungen, was ein Ikebana erzählt. – Es gibt viele Möglichkeiten, Ikebana mit anderen Kunstformen zu kombinieren; das kann Musik, Malerei, Literatur und anderes mehr sein. Zu der eben besprochenen Arbeit entstand ein Dreizeiler in der äußeren Form des japanischen Haiku (Kurzgedicht), in der Aussage beeinflußt von abendländischem Denken (vielleicht eine Anregung, ein Musikstück, ein Gedicht oder ein Bild nachzuempfinden und in ein Ikebana umzusetzen):

*Verwoben in uns*
*das Gestern und das Morgen*
*zu einem Schicksal.*

Das Haiku, die kürzeste Gedichtform der Weltliteratur, besteht aus drei Zeilen von 5, 7 und 5 Silben und kennt keinen Reim. Es ist ebenso wie die Blumenkunst geprägt von der Sensibilität der Japaner gegenüber der Natur, und beider Intensität lebt nicht zuletzt vom „Weglassen“: ein Haiku, das in 17 Silben zu einer Momentaufnahme von Eindrücken wird; ein Ikebana, das mit wenigen Zweigen und Blumen zum Ausdruck bringt, was auch das aufwendigste Blumenbukett nicht vermag. Beide Künste, Haiku und Ikebana, nehmen stets Bezug auf die Jahreszeit, und so ist es sicher folgerichtig, sie zu einer Synthese verschmelzen zu lassen.

**Material:** Draht, Neuseelandflachs, Anthurie
Ein fast quadratisches Stück stabilen Drahtes ist zu einer wellenartigen Form modelliert. Der Charakter der Wellen wird übernommen in die Linienführung des Neuseelandflachses. Aus optischen Gründen sind die Blätter längs halbiert. Sie lassen sich leicht in die gewünschte Form biegen, wenn sie angefeuchtet und dann sanft durch die Finger gezogen werden.
Eine einzelne Anthurie in der Mitte der Anordnung schafft Farbe. Sie bekommt Wasser mit Hilfe eines Orchideenröhrchens.
Ein Vergleich der vorherigen Arbeit mit dieser zeigt auf, wie unterschiedlich verschiedene Drahtarten behandelt werden können und wie unterschiedlich dann auch ihre Wirkung ist. Während sich der weiche Hasendraht leicht zu jeder beliebigen Form biegen läßt, eignet sich der festere Werkstoff dieses Beispiels eher zu einer klaren Form. Man sollte sich das Konzept vor dem Beginn der Arbeit gut überlegen, um nicht das Material durch zu vieles Probieren in seiner Wirkung zu verderben. Ist es einmal verknickt, kann der ursprüngliche Zustand schwerlich wieder hergestellt werden.
Der Einsatz nonfloralen Materials darf sich keinesfalls auf die Verwendung als bloßes „Gefäß“ beschränken. Wenn der Draht in vorliegendem Beispiel auch die Funktion eines Gefäßes übernimmt, so hat er durch sein Gepräge gleichzeitig weiterreichende, d. h. gestalterische Aufgaben. Wie bereits angedeutet, sind Draht und Blätter wellenartig modelliert; sie erinnern an die zentrale Bedeutung des Meeres für die Japaner. Wasser ist hier herausgearbeitet durch die Formgebung einerseits und das kühle Silber des Drahtes andererseits, ohne daß Wasser überhaupt zu sehen ist. Die einzelne rote Blüte in der Mitte der Anordnung stellt eine Assoziation zur japanischen Flagge her: Japan bezeichnet sich selbst als das Land der aufgehenden Sonne.

**Material:** Ytong, Eisendraht, trockene Magnolienblätter (teilweise naturbelassen, teilweise angestrichen)
Ytong ist ein interessanter Werkstoff. Er läßt sich leicht sägen und schmirgeln. Da er sehr porös ist und infolgedessen fortwährend pulvert, wird das fertige Stück zweckmäßigerweise mit Grundierung eingestrichen, sofern es naturbelassen bleiben soll; ansonsten kann die Stabilisierung durch Farbe erfolgen. Löcher sind leicht mit Hilfe eines Lochbohrers anzubringen; bei sehr kleinem Durchmesser kann mit dem Pfriem gebohrt werden. Ein Fuß aus Ytong (seine dreieckige Form vermeidet Klobigkeit) hält den bereits von Rost befallenen kräftigen Eisendraht, der Räumlichkeit erzeugt. Im linken Drittel dieses so entstandenen Raumes schaffen trockene Blätter in vertikaler Anordnung Masse. Fixiert sind sie an einem Unterbau aus Blumendraht; die Blätter kleben auf dessen Vorder- wie auf dessen Rückseite (geeignet ist Heißkleber). Um ihre Anordnung interessanter zu gestalten, sind sie teilweise mit ihrer Licht- und teilweise mit ihrer Schattenseite zum Betrachter arrangiert. Die Farben Weiß, Gelb und Braun bis hin zum naturbelassenen schmutzigen Braun mit ihrer Rhythmik innerhalb der Gruppe sowie die teilweise sehr versteckten Positionen geben dem Auge auf zu suchen. Das Braun stellt die farbliche Verbindung zum Eisendraht her, das Weiß schafft die Synthese zum Fuß.

Der Begriff des Ikebana als lebendiger Blumenkunst wird hier zum Abstraktum, denn auf frisches – „lebendiges“ – florales Material ist ganz verzichtet. Die Begrifflichkeit des Wortes „Ikebana“ darf nicht dazu verleiten, frische Blumen, Gräser, Blätter oder Zweige einzufügen, wenn dies die Essenz einer Arbeit nicht eigentlich erforderlich macht.

## Schlußbetrachtung

Von der ersten Schulform bis zum avantgardistischen Ikebana ist es ein weiter Weg. Am Anfang steht die Aufgabe, die von der Natur angebotenen Materialien in vorgegebene Formen zu bringen, dabei sich den Regeln zu unterwerfen und das eigene Ich zurückzunehmen. Später wird man Pflanzen verändern, teilweise abstrahieren, um der individuellen Kreativität Raum zu geben. Ikebana ist nicht vom ökonomischen Standpunkt aus zu betrachten, sondern: Ikebana ist ein Weg – der „Blumenweg“. Er schenkt demjenigen inneren Reichtum, der ihn mit der angemessenen Ruhe und Geduld geht.

# Register